改變歷史的

Fifty Plants that Changed the Course of History

50 種 植物

國家圖書館出版品預行編目（CIP）資料

改變歷史的50種植物／比爾.勞斯（Bill Laws）著；王
建鎧譯. - 初版. - 臺北市：積木文化出版：家庭傳媒城
邦分公司發行, 民103.01
面；　公分
譯自：Fifty plants that changed the course of history
ISBN 978-986-5865-35-1(平裝)

1.經濟植物學 2.植物學史

376.1   102020069

VX0029

改變歷史的50種植物

原 著 書 名／Fifty Plants that Changed the Course of History
作　　　者／比爾·勞斯（Bill Laws）
譯　　　者／王建鎧
總　編　輯／王秀婷
責 任 編 輯／魏嘉儀

版　　　權／張成慧
行 銷 業 務／黃明雪

發　行　人／涂玉雲
出　　　版／積木文化
　　　　　　104台北市民生東路二段141號5樓
　　　　　　官方部落格：http://cubepress.com.tw/
　　　　　　電話：(02) 2500-7696　　傳真：(02) 2500-1953
　　　　　　讀者服務信箱：service_cube@hmg.com.tw
發　　　行／英屬蓋曼群島商家庭傳媒股份有限公司城邦分公司
　　　　　　台北市民生東路二段141號11樓
　　　　　　讀者服務專線：(02)25007718-9
　　　　　　24小時傳真專線：(02)25001990-1
　　　　　　服務時間：週一至週五上午09:30-12:00、下午13:30-17:00
　　　　　　郵撥：19863813　　戶名：書蟲股份有限公司
　　　　　　網站：城邦讀書花園　網址：www.cite.com.tw
香港發行所／城邦（香港）出版集團有限公司
　　　　　　香港灣仔駱克道193號東超商業中心1樓
　　　　　　電話：852-25086231　　傳真：852-25789337
　　　　　　電子信箱：hkcite@biznetvigator.com
馬新發行所／城邦（馬新）出版集團
　　　　　　Cite (M) Sdn Bhd
　　　　　　41, Jalan Radin Anum, Bandar Baru Sri Petaling,
　　　　　　57000 Kuala Lumpur, Malaysia.
　　　　　　電話：603-90578822　　傳真：603-90576622
　　　　　　電子信箱：cite@cite.com.my

內 頁 排 版／劉靜慧

Published by Firefly Books Ltd. 2010
Copyright © 2010 by Quid Publishing
Text translated into complex Chinese © 2013, Cube Press, a division of Cité
Publishing Ltd., Taipei.

2014年1月8日初版一刷
2019年6月11日初版六刷
售價／480元
版權所有‧翻印必究
ISBN 978-986-5865-35-1

改變歷史的

Fifty Plants that Changed the Course of History

50_種植物

比爾‧勞斯　著

 積木文化

Contents

前言

植物妝點的大地，彷彿披著綴滿東方明珠的精緻刺繡長袍，並飾以燦爛
多變的各種稀罕珍貴珠寶，還有什麼比得上凝視這樣的風景更讓人心情
愉悅呢？
——約翰・傑拉德（John Gerard），《草藥集》（herbal，1597）

如果世上的植物突然消逝無蹤，人類也將一同失去明天。然而，若
靜下心來看看我們對這個星球的所作所為，或許也會覺得植物
因此滅亡可能是件輕而易舉的事。地球上養育了二十五到三十萬種開
花植物，在我們每天的日常生活中，就像是背景般從我們的眼皮底下
掠過：帶著狗散步穿過安靜的橡木林時、開車經過一大片紫色薰衣草
花田時，以及在搭乘火車時窗外飛馳而過的大片稻田。

植物與人類

植物們扮演著動態變化的角色，形塑著人類的歷史。地球上許多生命
因為植物吸入二氧化碳排出氧氣，才有生存下去的可能。植物歷經遠
古氣候環境的災難性變化，衍生出光合作用，為我們這些陸棲動物開
啟DNA演化的大門，並鋪好邁向未來的道路。

沖泡成飲
阿拉比卡咖啡（*Coffea arabica*）
的豆子，被烘烤、磨碎然後烹煮
成飲料飲用，已有好幾世紀之
久。（請見咖啡，54頁）

南極冰封大地裡，埋藏了遠古穀物的花粉，
或許可以揭露這顆星球過往的秘密，甚至預測未
來。這些幾百萬年前的證據，也或許可以釐清現
今臭氧層的缺口，到底是不是使用石油造成的？
植物的歷史無疑比我們悠久許多，早在四億七千
萬年前，它們便在地球上紮根而立。相較起來，
我們的歷史全都密密麻麻地擠在短短的一小段時
間裡。如果把每一個世紀濃縮成時鐘上的一分鐘
來看，羅馬人征服歐洲不過是二十分鐘前的事，
而基督教文明也才建立了約一刻鐘的時間（譯註，
從第四世紀基督教全面影響歐洲政經層面開始起
算）。第一位白人踏上美洲開始落地生根，正如同

拿些上好阿拉比卡咖啡豆煮出一杯美味咖啡的時間。

　　植物不斷地提供我們燃料、食物、庇護與醫藥照顧。它們維護降低土地的自然侵蝕與風化程度，並調節大氣中的二氧化碳，將之轉變成氧氣。植物給予我們大量的石油，讓我們不知節制地揮霍；它們的存在，也鼓舞人類建立各式各樣的國家植物園，以及在植株收集與栽種間，獲得小小樂趣與收穫的市井小民的後院菜園。

黃金作物
普通小麥（*Triticum aestivum*）的穀粒，早在古埃及時代起，就一直扮演推動人類文明發展動力燃料的角色。（請見普通小麥，190頁）

　　我們也透過植物傷害自己，像是過量攝取糖、沉溺於天然麻醉藥物以及酒精之中。一位體重過重的南非德班地方家庭主婦，可能會抱怨為什麼要生產白糖（請見甘蔗，166頁）；一位身在澳洲阿得雷德的醉客，會將他的悲傷歸咎給大麥（請見大麥，104頁）；而美國辛辛那提躺在癌症病房的一位病人，則認為煙草應該為他的病情負責（請見煙草，136頁）。但另一方面，我們因一杯好茶而歡欣鼓舞（請見茶，26頁）、開一瓶葡萄酒來好好慶賀一番（請見釀酒葡萄，202頁），或為純粹欣賞香豌豆（118頁）與野玫瑰（162頁）時也喝上一杯。

脆弱的地球

現在是個好時機，看看植物是如何改變我們的歷史，如何持續地在我們的生活中扮演著核心角色。人類隨心所欲地對植物，甚至是地球，予取予求。我們不停地消耗地球遠古以來形成的化石燃料，同時大量破壞植物構成的雨林。古代氣候學家大衛‧彼寧教授（Professor David Beerling）說：「缺乏自制地進行全球性實驗，無疑會改變未來世代代的氣候環境。植物……是全球環境暖化戲碼的主要因子，從遠古到現代，一直以來都是這樣。」出自《翡翠星球》（*The Emerald Planet*，2007）。現有植物受到的破壞危機，也將會永遠改變人類未來的歷史。

花朵的力量
十七世紀的荷蘭鬱金香球莖貿易一度膨漲到無法置信的程度，隨之而來的是人類史上第一次的經濟大崩盤。（請見鬱金香，198頁）

龍舌蘭
Agave spp.

原生地：墨西哥南部到南美北部

類　型：類似仙人掌的刺狀葉植物

植株高：可達12公尺

◆ 食用
◆ 醫療衛生
◆ **商用**
◆ 實用

龍舌蘭可謂全方位的原料來源，供應了從船舶繫留纜繩，到高辛烷含量龍舌蘭酒的製造所需。痛飲龍舌蘭酒所帶來的宿醉，或許並沒有改變什麼人類歷史的軌跡，但龍舌蘭曾是一群美洲原住民賴以維生的物資。

高貴龍舌蘭

龍舌蘭是種表現傑出的植物，可以生存在炎熱的沙漠、乾涸的迎陽山坡上。雖然人們已使用超過九千年的時間，但直到西元1753年，卡爾・林奈（Carl Linnaeus）才借用代表「尊貴」（noble）的希臘字，將其命名為 *Agave americana*（黃斑龍舌蘭）。黃斑龍舌蘭也被稱為「世紀植物」，被認為要花上一百年才會開一次花。不過實際上大約可開花三次，母株在開完花後會萎縮，子株則繼續茁壯。龍舌蘭植物包含了約136種物種，距今約六千萬年前出現於地球上。

　　龍舌蘭可以製成強韌、抗日曬的毯子。在肯亞、坦尚尼亞與巴西，1公尺長的劍麻纖維（sisal，學名 *Agave sisalana*）扮演重要的經濟角色。二十世紀早期，人們以劍麻製造各種繩索，用於綑綁卸船的貨物、固定農藝支架。另外，它也是頗具實效的藥物，雖然牛角龍舌蘭（*Agave bovicornuta*）會引起皮膚炎，某些物種的毒性強到足以塗抹在箭頭上製成毒箭，但也有具正面療效的品種，可舒緩發炎反應。

　　十五世紀，天主教會正在西班牙發動宗教審判，熱衷於對付回教徒、猶太人以及其他異教徒，同時期五千英哩外墨西哥的阿茲提克文明已發展到頂點。其中，龍舌蘭正是關鍵的植物，例如，太平洋龍舌蘭（*Agave pacifica*）的纖維，可以當做棉布的優異替代品。十六世紀早期，身為西班牙探險家兼軍人的荷南・柯爾蒂斯，攫取了阿茲提克的權力，擄獲大量戰利品帶回南歐。從而開啟了一條雙向貿易通路，使蒸餾技術引進墨西哥。將穀物釀造酒進一步蒸餾成更為醉人的烈酒，在歐洲已經有長遠的歷史，但對拉丁美洲人來說，卻是項未知的技術，不過這種情況很快有了改變。如今以龍舌蘭釀酒在當地已是悠久的傳統，例如波奎酒

（pulque）是以挖空龍舌蘭莖後採集到的樹汁，也就是所謂的阿奎米爾（aquamiel，蜜水之意）發酵而成。後來還發展出麥斯卡爾（mescal）酒，將龍舌蘭根葉搗爛後釀製而成，以及卡比薩（cabeza）烈酒，經兩次蒸餾，再裝瓶熟成四年。1620年代，墨西哥人把塔吉拉龍舌蘭（Agave tequilana）的新鮮葉子基部熬煮，先試著把澱粉轉化為糖。煮成漿汁再進行發酵，糖分便進一步轉化成酒精，創造出塔吉拉龍舌蘭酒（tequila）。之後的一個半世紀裡，墨西哥的塔吉拉鎮便以此酒聞名於世。

一杯塔吉拉，兩杯塔吉拉，三杯塔吉拉，躺地板。
—— 喬治‧卡林，美國諧星

塔吉拉的酒精濃度高達50%，並不是每個人都能接受。墨西哥蒂華納市的酒保卡洛斯‧哈瑞拉就發明了舉世聞名的瑪格麗特雞尾酒，滿足了愛泡酒吧，卻不愛喝純塔吉拉酒的美國女性。

龍舌蘭還是一支美國新墨西哥州原住民部落賴以維生的重心。人們甚至稱此部落為麥斯卡勒洛（Mescalero）。這個部落的原住民以麥思卡爾龍舌蘭為主食，並取葉子纖維做成繩索、纜繩、鞋子、籃子等。曬乾的龍舌蘭葉子也被當成燃料使用，被拿來像口香糖一樣咀嚼成團的葉子，就當火鎗的引信。龍舌蘭還可以當成針線組使用，將尖銳的針狀頂部折下，連在針尖下面的植物管束組織剛好做為線來使用。1870年代，麥斯卡勒洛人被強迫自祖傳土地遷移至保留區，艱困地倖存並落腳在新墨西哥州中部以南。

蘆薈（Aloe vera）

✦

雖然它跟龍舌蘭長得很像，但彼此之間並無關係。蘆薈原生於熱帶非洲，在距今約四百年前被帶到西印度群島。從新鮮的椎形葉子所採取的汁液，具有非比尋常的醫療特性，特別是在緩解皮膚炎、濕疹症狀，以及處理燒傷方面。甚至能用來治療輻射造成的燒傷。

洋蔥
Allium cepa

原生地：起源不確定
類　型：厚肉球莖
植株高：30公分

◆ 食用
◆ 醫療衛生
◆ 商用
◆ 實用

洋蔥真的改變了歷史軌跡嗎？當然不是！好吧，樸實無華的洋蔥的確為科學帶來一些令人垂淚的重大改革，對世界植物的分類有所貢獻，甚至幫著創造出法國人頭戴貝雷帽、身穿條紋上衣、在腳踏車把手掛滿一串串洋蔥的經典形象。

淚光閃閃

切開洋蔥會釋放出一種名叫聚硫丙烷硫氧化物（thiopropanal-S-oxide）的化學物質。這種物質就跟辣椒噴霧器一樣會刺激眼睛，使我們淚流滿面。不過洋蔥造成的淚水成分，是否跟悲傷落淚的淚水成分相同呢？查爾斯·達爾文在進行大量研究後，斷定人在傷心難過時所流下的淚水與切洋蔥時流出的淚水並無二致。他推斷，淚水是一種簡單的機制，目的在於潤濕和保護眼睛。二十世紀的美裔生物化學家威廉·弗雷卻推翻了他的理論。威廉·弗雷發現所有淚水皆由水、黏液和鹽分所構成，不過傷心的淚水卻額外含有蛋白質，這表示當人在哭泣時，身體會產生一些化學物質，有助於宣洩情緒、釋放壓力。因此，發自內心的哭泣其實對人體有益。

如果這孩子沒有如女人般隨意灑淚的本事，那麼拿洋蔥往眼皮一抹，也有同樣的效果。
—— 威廉·莎士比亞，《馴悍記》（1592）

這些還只是洋蔥對科學做出的貢獻之一。這種蔬菜最早可能出現在五千年前的西南亞，不過詳細情形難以得知。身為世界上最古老的蔬菜之一（其他還有碗豆、萵苣和洋蔥的表親韭菜），洋蔥的蹤影遍及全球，斷定其來源則相當困難。

在希臘羅馬時代，洋蔥是人類的主食。羅馬人將洋蔥命名為 *unio*，意指宛如珍珠般的植物，這或許是因為洋蔥去皮後呈現半透明外觀。古時候，埃及人以洋蔥、大蒜、韭菜供養建造胡夫金字塔（Great Pyramid of Cheops）的奴隸；另外也發現一具手中握著洋蔥長眠的埃及木乃伊，其他種種跡象顯示埃及有崇拜洋蔥的奇特教派。

傳統上，洋蔥和大蒜（*A. sativum*）一樣具有神秘效用。如果說大蒜

能夠阻擋吸血鬼的獠牙，那麼洋蔥（放在左側口袋並隨身攜帶）則可防止疾病纏身。把洋蔥丟入火中燃燒是一種可以抵擋厄運的咒語，而夢中出現洋蔥是好運的象徵。在聖湯瑪斯之夜（St. Thomas' Eve，12月20日）把洋蔥放在枕頭下，則可以夢見未來的另一半。

問題出在名稱上

洋蔥的種類繁多，名稱各有不同：例如英文的「jibbles」、法文的「ciboule」、德文的「Zwiebel」以及梵文的「ushna」。幸好有卡爾‧林奈跳出來將它們分門別類。

　　西元1707年出生的林奈，居住在瑞典萊蕭慕肯湖附近覆蓋著草皮屋頂的木屋。林奈是家中長子，他的父親尼爾斯‧英格瑪森‧林奈既是教區牧師，也是位想像力豐富的園藝家。尼爾斯曾在庭院搭起一個奇特的高架式苗床，代表家庭常見的餐桌，再以灌木表現坐在桌前用餐的賓客。父親異於常人的園藝嗜好以及大自然的奧妙，再再使林奈獲得莫大啟發。他的父親不但鼓勵、教導林奈正確的植物名稱，更給他一小塊土地，好讓他自行耕種作物。父親的庭院成為最佳教育場所，而林奈也立志成為博物學者和園藝家。

　　當林奈離家前往烏普薩拉，在父親曾就讀的古老大學求習醫學。當時來自德國、法國與英國的水手們四處冒險犯難、前往各地旅行，也將大量的陌生植物自世界各個角落帶入歐洲，在園藝界掀起一陣混亂。一些植物同時擁有不同名稱，讓植物確立單一學名的系統化工作變得難上加難。林奈開始著手修正花園溫度計的刻度（安德斯‧攝爾修斯 [Anders Celsius] 將其花園溫度計之沸點設計為零度，經林奈說服後才改設為100度）。林奈在荷蘭學習香蕉種植技術，也為未來的植物園，如英國康沃爾的伊甸園計畫奠定基礎。不過他最重要的成就，還是釐清洋蔥名稱不一致的混亂，並建立了一套動植物

洋蔥小子

◆

在法國不列塔尼西北部，當洋蔥收成後，當地年輕人會在家裡的腳踏車把手上盡可能地掛滿一串串洋蔥，然後騎到聖布里厄（Saint-Brieuc）和特雷吉耶（Treguier）的漁港。他們啟航前往英國，挨家挨戶地向當地家庭主婦推銷新鮮洋蔥。這些和先人一樣穿戴傳統不列塔尼貝雷帽與上衣的洋蔥小子（Onion Johnny）名氣響亮一時。雖然現在洋蔥小子幾乎消失無蹤，但這個經典的法國人形象仍留存至今。

大蒜魅力
大蒜與洋蔥同屬蔥科（Alliaceae），連同葉子與花朵的部位，幾乎全株皆可入菜。

分類系統。

林奈在烏普薩拉認識了同學彼得・亞特帝，後者也成為深知林奈對自然界迷戀的知心好友。這兩個年輕人充滿雄心壯志，共同計畫為上帝的植物與其他各種造物進行分類。他們分頭進行動植物王國的分類工作，並且承諾無論誰先完成份內工作，都將前往協助另一個人。亞特帝在1735年跌落阿姆斯特丹運河不幸溺斃，林奈隨後獨自承接所有工作。在林奈疑似操勞過度而在1778年逝世時，他已成功建構一套系統並沿用至今。

在此之前，洋蔥以及其他許多植物擁有各種俗名，有時還有好幾個互相矛盾的拉丁名稱。基督時期的希臘醫生迪奧斯克理德斯著有《藥物論》（*De Materia Medica*），他在書中為大約五百種植物命名，不過這本著作一千年後才傳入阿拉伯學者手中，然後進入基督教世界。林奈的兩卷式鉅作《植物種誌》（*Species Plantarum*），則是以拉丁語的二名制為已知的五千九百種植物分類。到了十八世紀，植物和博物學家達成共識，同意讓不同的植物歸類在同一科：洋蔥、韭菜和大蒜屬百合科；豆子、豌豆和香豌豆屬豆科（Leguminosae）；玉米（玉蜀黍）和竹子則屬禾本科（Poaceae）。

植物科向下可以再細分成群、屬、種，最後是亞種。林奈將一些舊式拉丁名稱去掉或縮短後，使用屬名作為第一個名稱（例如 *Pisum*），種名則是第二個名稱（如 *P. sativum*，豌豆 [garden pea]）。這種命名慣例使用大寫字母（*Pisum*）代表屬名，小寫字母（*sativum*）代表種名，重複時就使用縮寫（*P. sativum*），然後再加上發佈者姓氏開頭字母以示尊敬。例如，如果發佈者是林奈，那麼加上Linnaeus的縮寫「L」

以屬歸類出物種特徵，而非物種特徵造就一屬。
── 卡爾・林奈（1707-1778）

均衡健康
《健康全書》（*Tacuinum Sanitatis*，1531）是一本健康手冊，內容概述各種植物和食品對人體的危害與益處。下圖取自原始刊物，圖中農工正在採收大蒜。

卡爾・林奈

西元1735年出版的《自然系統》(*Systema Naturae*)在短短二十年內再版了十次。這本書與林奈同年出版的另一項鉅作《植物種誌》(*Species Plantarum*)同為現代植物命名準則。

後，就會變成 *P. sativum* L.。其他變種(Variety)、栽培品種(Cultivar，為了特定表徵而對植物進行培育)與亞種則再新增一個名稱標注：例如豌豆亞種克芬頓驚奇，寫做「*P. sativum* "Kelvedon Wonder"」。

　　林奈剛開始為蔥屬植物分成不同種時，在洋蔥世界中陷入一場混亂，例如 *A. porrum*(韭菜)、*A. schoenoprasum*(細香蔥)、*A. sativum*(大蒜)和 *A. fistulosum*(青蔥)。他根據雄蕊和柱頭的數量，將同科植物分成不同屬和種，這是基於所謂的植物「性別系統」進行分類的方式。同一時期有位來自聖彼得保的學者名叫約翰・西格斯貝克，林奈以他的姓氏為豨薟草(*Siegesbeckia orientalis*)的屬名命名。西格斯貝克指責林奈的研究成果「猥瑣不堪」。他怒氣沖沖地表示，洋蔥怎麼會是一種道德淪喪的蔬菜？更糟的是，林奈怎麼能教導年輕人「這麼放蕩的分類方法」？儘管林奈的系統「像在賣淫般令人作嘔」，這套系統還是被廣為使用，而這位瑞典博物學家也成為家喻戶曉的大明星。

　　林奈生性節制，不喜鋪張，因此規定自己的喪葬事宜：「不要譁眾取寵……也謝絕弔唁。」不過當林奈在1778年逝世時，無人遵守他的指示。就連瑞典國王也在葬禮上現身，親自向這位為洋蔥以及世界上其他植物命名的男子致敬。

跟洋蔥一樣老？

+

韭菜(*Allium porrum*)出現的時間可能比洋蔥還早。從四千年前的一塊巴比倫泥板便可以得知，全世界最古老的佳餚之一「韭菜燉羔羊肉」，就需要用到這項食材。希臘人稱呼韭菜為 *prasa*，阿拉伯人稱為 *kurrats*、羅馬人稱為 *porrum*，後者還是將韭菜帶入歐洲的大功臣。奮力抵抗羅馬進犯的威爾斯凱爾特人則稱韭菜為 *cenhinen*，韭菜也是他們的國家代表植物。這可能與韭菜的某些神奇特性有關。一般咸信威爾斯人熱愛歌唱與演說，而韭菜具有舒緩潤喉的功效。另外也相傳士兵上戰場前會將韭菜別在帽子上，藉以區分敵我。

鳳梨

Ananas comosus

原生地：熱帶南美洲

類　型：熱帶果實植物

植株高：1.5公尺

✦ 食用
✦ 醫療衛生
✦ 商用
✦ 實用

皇家贈禮

這幅畫是西元1675年，由荷蘭畫家韓垂克・丹克特斯描繪皇室園丁約翰・羅斯向國王查爾斯二世獻上鳳梨的場景。

搭上火車跑一趟北歐國家的城市郊區，探索他們的花園，就會發現一度平靜、僅有一或兩排植株的草地角落，現在站著一排接著一排的塑膠溫室，閃爍在陽光之下，裡面種滿了異國植物。基於龐大而需索無度的溫室需求，每年都有塑膠原料自遠地輸入以滿足市場。而要為這波溫室狂潮負責的植物就是水果之王——鳳梨。

園丁喜樂所在

許多專業園藝工作者都希望能取悅他們的雇主，像是參賽的菊花在年度農藝展覽中得獎，或是種出美味異國蔬果讓雇主品嘗。但沒人比得上英國國王查爾斯二世（1630-1685）的園丁約翰・羅斯。西元1675年，宮廷畫師韓垂克・丹克特斯畫出羅斯穿著連身大衣、頭頂鬈曲假髮、腳上穿著時尚的過膝長襪，以單膝落地的高跪姿面向他的君王，呈上一顆長滿小圓塊的奇異果實，那時整個歐洲還沒有幾個人見過它。這位追求時髦的國王，腳邊跟著以他名字命名的心愛獵犬（名為查爾斯國王獵），卻皺著眉頭望向這個怪異的果實。無論如何，這是一個非常特別的貢品，第一顆在歐洲人工栽種出來的鳳梨。

　　早在西班牙人登陸美洲並「發現」鳳梨以前，美洲原住民已經充分了解鳳梨的美妙滋味。鳳梨果實是由幾百個獨立花朵聚集並結成一顆巨大、富含糖分的果實，集結了各種風味與維生素A與C。在熱帶氣候下，鳳梨只要簡易的堆肥栽種，就能輕易擁有茂盛的樹冠、旁枝與果實。但當西班牙人把鳳梨帶回歐洲的家時，還需要想辦法加熱來養活它們。不過一旦把鳳梨搬到北非與南非，倒是興旺了起來，相同的豐收也發生在馬來西亞與澳大利亞；夏威夷更是成為世界上鳳梨產量最大的地區之一。然而，身在北歐國家，鳳梨就遇上了麻煩。在面對「馴化鳳梨」的艱困挑戰上，歐洲園丁們把單顆鳳梨安置在木製棚

架中、用最好的馬糞肥料鋪成暖床，並以爐火保持溫暖。

　　知名園藝作家約翰・伊夫林曾在他遞交給皇家學會（國王查爾斯二世為了推廣科學與藝術所成立的組織）的論文《與地球的哲學對談》中，特別強調利用自然能量的方法。伊夫林解釋如何挖出一人高的大坑，裡頭裝滿冒著熱氣的家畜糞便，接著把植物放在可移動的木頭棚架中，置於坑上讓糞便的發酵熱幫助植物生長。（其實這並不是一個新穎的構想，西元1000年，享有盛名的回教園藝家們，如艾本・巴索，就曾主張穀物飼養的種馬糞便比隨意放牧只能吃些劣質牧草的贏馬糞便，來得好用。他更建議應該鼓勵工人們在堆肥料上灑尿，來幫助肥料發酵。）

溫室效應

早期如「鳳梨暖爐」之類的農藝暖房，啟發了特殊農藝房舍的設計，培育嬌貴的作物，像是柑橘類、香

華德箱

✦

早期能否成功從美洲運出異國植物是件很碰運氣的事。納薩尼爾・華德（Nathaniel Bagshaw Ward，1791-1868）發明了一種裝飛蛾的箱子：將玻璃裝在可折疊的木製框裡，組成一個可以安置適當植物的盒子，觀察當中飛蛾的行為，對維多利亞時代的人來說，這可是件非常迷人的嗜好。後來發現華德箱裡自成一個小空間，植物在其中自給自足：夜裡釋放空氣，白天自土壤中吸取水分。很快地，納薩尼爾的發明走遍世界各地，人們帶著新世界的奇異植物與蕨類運回老家進行研究，甚至可能的話，再進一步地讓它們成為商品量產。

聚合果
雖然我們說「一顆」鳳梨，但它其實是由許多獨立的小果實共同組合在一起，成列對向地環繞排列成螺旋狀。

桃木、月桂與石榴樹等。1705 年，英格蘭的安妮皇后委託建築師尼古拉斯・霍克斯摩爾蓋一棟巨大的建築物。為了與艾佛林的設計有所區別，這棟建築取名為「綠房」（green house，現稱溫室），用來保護那些身處冬季寒風中的柔弱異國植物。艾佛林的「保育」觀念，鼓舞了許多知名的農藝建築設計，像是克利斯多佛・倫爵士、詹姆斯・懷亞與約翰・范勃夫，就著手嘗試替貴族們建造玻璃宮與松木屋。這波溫室熱潮瀰漫全國，大家爭相建造最頂尖華美的「冬季花園」。1847 年，座落在法國巴黎香榭大道上，矗起一座達三層樓高、90 公尺長的冬日花園（Jardin d'Hiver）；同時間的美國紐約州水牛城則蓋了棟爬藤植物建築，長達 210 公尺，足以安置超過兩百株藤蔓類植物。

來自英格蘭貝德佛德郡的農家子弟約瑟夫・派克斯頓為溫室建築時代的天才，可以說在這科技起步的年代生得逢時又逢地。他知道通風是個關鍵問題；也明白刷白牆壁讓光線反射，可以幫助室內溫度上升；而將屋頂角度調整到準確的 52 度傾斜角時，可讓日光發揮最大效果，特別是中午陽光直射玻璃時。玻璃的選擇也非常重要。維多利亞時代的園藝家與作家約翰・勞頓，是第一個取得鐵製弧型框專利，宣稱他的發明「便宜並與玻璃有同樣的品質與效果」，但這個聲明不攻自破，裡面的植物病態般蒼白甚至泛黃，悲慘程度可以說前所未見。瓦片狀玻璃（玻璃吹成圓柱狀，削去兩端再切隔成瓦片形狀）以及平板狀玻璃（融化的玻璃灌入板狀模具之中，再以手工打磨光滑）以農藝用途來說都太過昂貴，解決方案是所謂的冠玻璃：將融化的玻璃一層層拉成圓盤狀，然後切成方形或菱形。

約瑟夫・派克斯頓結合了各種重要因素，與自己的發明（一種鑄造鐵制窗框，外邊設計了雨水槽，內裡有集水槽，此設計靈感來自於水蓮葉子），在 1851 年建造了舉世聞名的倫敦水晶宮。這個水晶宮當時敞開大門，迎來對溫室建築狂熱喜愛的一般大眾。這裡有雙墩型式的黃瓜與甜瓜栽培室、中規中矩的盆栽陳

大溫室
萬國博覽會時倫敦水晶宮的翼廊。水晶宮占地 9.2 萬平方公尺，開幕展時湧進了一千五百名訪客。

列，還有農藝業者威廉・庫柏在目錄中所承諾的「草坪溫室」，裡面陳列著「對於追求進步的業餘愛好者來說，珍貴無價的種子。」另外還有井字型棚房，以及單斜棚頂的一般溫室與催熟溫室，這些建築聚集在一起，「足以說服所有的實用主義者這類型建築物的重要性及用處，不論是一般的紳士、苗圃經營者、園藝業者，甚至是所有想以便宜、堅固的房舍，來種植與催熟各種黃瓜、蕃茄、甜瓜等等植物的人們。」感謝最初的鳳梨暖爐，各種溫室的普及率開始大幅成長。十九世紀園藝作家詹姆士・雪利・希伯德回憶水晶宮的溫室時，讚頌其為一件美麗的事物：「滿屋的黃瓜與甜瓜，在視線與陽光之間，布滿了豐密的葉子，而纍纍的瓜果垂掛其中，好像生長在故鄉的土壤、天然栽種的果樹上。這是整個園藝展覽中最精彩的景致之一。」

　　隨著時間演進，鑄鐵製窗框變成木製，接著，紐約移民李奧・拜克蘭的發明下再轉變成為塑膠製成。拜克蘭以聚合物研究為業，聚合物英文的字源 Polymers，是由希臘字的 *polus*（許多）與 *meros*（局部）兩字結合而成新字，1907 年他完成第一項塑膠材料發明，這全新聚合物有著一個無法順利說出口的名字：多氧苯甲基乙二醇酸酐聚合物，為一種堅硬的黑色塑膠，可以被模具鑄成各種形狀，他簡稱這種材料為膠木（Bakelite）。拜克蘭總是告訴記者為了錢才走上聚合物研究這一行，從事這門職業並不讓他感到快樂，在一段隱世而居的日子後，他於 1944 年在紐約的安養院過世，身邊只有一些過期的罐頭食品。在詭譎的悲劇命運操弄下，1981 年時，他那刺死母親的孫子因塑膠袋窒息而亡。不過無論如何，膠木啟發了大量聚合物產品的發明，包括曾在不同研究者手上，被發明了九次的聚丙烯，最後專利權歸於奧克拉荷馬州巴托斯谷菲利普石油公司的兩個科學家；還有聚氯乙烯。聚氯乙烯材質的建築物，造就了世上數十萬以上的美麗家園（或是醜陋景觀，依各人品味而異）。最初那不起眼的簡陋鳳梨暖爐，正是這一切的源起。

速度控制

鳳梨果實中的種子，則被認為降低了水果的品質。因此，在以鳳梨為重要經濟作物的夏威夷，嚴格控制鳳梨的授粉便是一件重要的事，甚至因此禁止蜂鳥這類有授粉能力的鳥類進入當地。

罐裝水果

✦

在多樂先生（Mr. Dole）這家擅於製造水果罐頭的夏威夷公司影響下，鳳梨的銷售熱潮一發不可收拾，扶搖直上。同時，鳳梨果汁也被廣泛應用在成藥裡面，範圍之大，從驅除寄生蟲，到舒緩勞動疲勞、骨折、痔瘡、喉嚨酸痛的藥物中，都有它的存在。

竹子
Tribe: Bambuseae

原生地： 主要生長在高溫熱帶地區，尤其是東亞

類　型： 木質常綠禾本植物

植株高： 可達30公尺

✦ 食用
✦ 醫療衛生
✦ 商用
✦ 實用

竹子是地球上生長速度最快的植物之一，為人類生活帶來廣大影響。竹子不但可作為建材，在水墨素描和水墨畫等亞洲藝術創作中，也扮演非常重要的角色。

翩翩君子

在中國歷史與東方世界中，竹子和稻米堪稱地位最崇高的兩大植物。從狀如尖矛的葉片，慢慢成長產出具有食用價值的竹筍。竹子本身的用途非常廣泛，像是世界上第一台獨輪手推車與飛機模型都是以竹子製造。竹子也和世界上最出色的藝術創作密不可分。如果說威廉·華茲華斯（William Wordsworth）筆下「無數的金黃色水仙花」徹底改變了十九世紀的詩作文體，那麼以竹為題材的出色畫作，無疑更為許多藝術家帶來重大影響。例如，印象派畫家克勞德·莫內（Claude Monet，1840-1926）。

中國人除了在生活中大量運用竹子，也以竹子作為君子的行為典範。例如，白居易（772-846）曾寫道，君子應如竹子般善建不拔，中立不倚，應用虛受，砥礪名行，夷險一致（擷自白居易<養竹記>）。

世界上的竹子超過一千四百種。竹子適應力強，從高海拔地區到低地平原的不同環境皆可茂盛生長，惟不喜鹼性土壤、乾燥沙漠環境及沼澤地帶。

早在兩千年前，竹林便是林中居民的穩定收入來源；中國只要有生物的地區，皆可發現竹子的蹤跡。古時候，中國將官方紀錄刻在名為竹簡的竹片上，這種保存資料的方式一直沿用到帛書發明之後。而當考

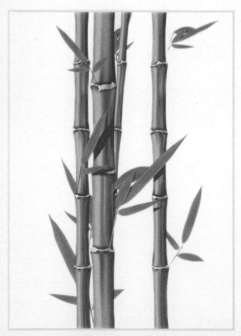

小雨蕭蕭潤水亭，花風颭颭破浮萍。
看花聽竹心無事，風竹聲中作醉醒。
——王安石（1021-1086）

古學家挖到了古代竹簡，現代學者便能解讀竹簡上的文字，藉以瞭解過往歷史。

佛教於西元一世紀時傳入中國。佛教禁止殺生，因此信徒不可取用肉、魚、蛋等食物，不過柔嫩的竹筍便不在此限。十世紀時，僧人贊寧著有《筍譜》，是詳細記載98種竹子的解說與食譜的「竹筍大全」。傳說中，黃帝命令樂官伶倫制定音律，伶倫遂以竹笛定律：他切下十二段長度不等的竹管，以準確重現六個女聲和六個男聲音調。竹子的蹤跡隨處可見。竹子對中國人生活造成的影響，讓十九世紀維多利亞時代的評論家們感到驚詫不已：「竹子比礦產更珍貴，僅次於米和絲綢，是天朝最大的收入來源。」他繼續描述竹子的各種用途，包括「竹葉製的雨衣和雨帽、農業器具、漁網、形式各異的竹簍、紙張和筆、穀斛（量米容器）、酒杯、杓子、筷子以及煙斗等等，全都是用竹子做成的。」

木管樂器
以竹子製作吹管樂器的歷史已有數個世紀之久，下圖中的排笛即為一例。

兩人對飲？熱茶兩杯嗎？

竹子在茶道儀式中，是不可或缺的一項元素（請見茶，26頁）。如前篇所提到過的，茶隨佛教禪宗始祖菩提達摩進入中國。相傳有一天，菩提達摩在靜坐冥想時不小心打起盹來。當他發現自己睡著時，感到非常挫折，因而撕掉兩眼眼皮、將之扔到地上。眼皮一落地隨即化成茶樹，上面長著形似眼睛的茶葉。演變到後來，在茶道中將直徑約2公分的竹子削成八十多支纖細的茶筅，用以攪拌抹茶粉飲用，就連茶杓也以竹子製成。

日本的飲茶風氣由深受豐臣秀吉寵愛的千利休（被賜切腹而死，1522-1591）集大成，提昇至藝術的境界。對利休而言，世界的藝術始於三乘三公尺、足以容納五人的竹茶室（*chashitsu*）。當側房的「水屋」（*mizuya*）正在進行沏茶作業時，賓客便在竹子搭成的「待合」（*machiai*）稍作等候，待接獲邀請，便可穿越稱為「露地」（*roji*）的茶庭，矜持莊重地進入茶室。

宋代詩人蘇軾曾說：「無肉令人瘦，無竹令人

竹藝家

◆

博學多聞的蘇東坡（1037-1101）除了是最著名的水墨畫家之一，也是位都市規劃大師。他為杭州（1089）和廣州（1096）打造了最大的竹製供水系統。有一回，蘇東坡在處理一件農民債務糾紛時，因為同情那位可憐的農民，便提起畫筆，在紙上匆匆畫下竹子，然後交給農民拿去變賣以償還債務。

俗」，可見纖弱細長的竹子在人文修養上的重要地位。

　　中國書畫發展超過兩千年，是世界上流傳時間最久遠的藝術形式。書畫家手握一桿竹毛筆、面前擺著一方松煙墨，一陣凝神默想，便在電光火石之間完成一幅作品，乾淨俐落、毫不遲疑。

　　水墨畫是與竹子關係最密切的一種繪畫形式，特別是因為這種繪畫非常貼切的反映出竹葉隨風搖曳時，所呈現出細膩的氣韻。大約在西元前221至209年，秦國大將軍蒙恬發明了毛筆。他將竹製成筆桿，以毛刷為筆尖。各種動物毛髮製成的筆毛，包括鹿、山羊、綿羊、貂、狼、狐狸或兔子，甚至有用老鼠鬍鬚製成極細筆毛，讓水墨畫家得以用一管竹毛筆沾墨，在纖細易破的紙上盡情揮灑。水墨畫的黑色，屬於心靈的顏色；畫家作畫的目的並非完整呈現主體，而是要去蕪存菁，以寥寥數筆捕捉當下瞥見的瞬間印象。

不斷演化的藝術
下圖這件日本木雕作品創作於西元1895年，據傳印象派大師莫內曾受其影響。日本藝術風格從黑白色的水墨畫，逐漸發展成色彩更繽紛、更為複雜精細的形式。（畫中植物為貌似竹子的蘆葦）

竹子與藝術

中國藝術對鄰近國家的藝術影響甚劇，這些國家包括日本、韓國、西藏，另外還有東北九省、中亞地區以及遙遠的伊斯蘭國度。十八世紀中葉日本對外開放門戶，也使中國藝術間接促成十九世紀最廣為人知的藝術運動之一：印象主義。

　　印象主義最偉大的代表人物，是臉上蓄著誇張大把鬍子的克勞德・莫內。他在巴黎近郊的吉維尼買下第二間房子，就因為附有一座精緻的菜園。莫內每天都會到菜園看看，挑選隔天清晨要摘採的蔬菜，以便在辛苦工作一整夜後，享用美味的一餐。

　　莫內成為一流大師後，他以吉維尼菜園裡的橋為主題創作的多幅日式畫作，也跟著水漲船高。不過在此之前，莫內曾在1875年和卡密爾・畢沙羅（Camille Pissarro）一起在巴黎開畫展。當時有位名叫路易・勒華（Louis Leroy）

的評論家，看到莫內的畫作〈印象·日出〉後，便挖苦說：「這幅作品真是畫如其名，令人印象深刻。就某方面來說，這就是一種印象吧」。結果這句冷嘲熱諷不但沒有達到預期的效果，反而被用來指稱強調光影變化、明顯筆觸，以及迥異於傳統主題的新一波藝術運動：印象派。

　　許多畫家如愛德格·竇加（Edgar Degas）和莫內都深深著迷於日本藝術家的作品。莫內收集日本木雕來研究他們的構圖方式，隨後在第二次的印象派畫展展出〈日本女郎〉。這是一幅肖像畫，畫中主角是他的妻子，身穿一襲誇張大紅和服，上頭繡了一位兇猛的日本武士，周身遍佈圓紙片和竹扇。這幅作品後來被莫內棄如敝屣，不過還是為他帶來了可觀的兩千法郎收入。

多才多藝的竹子

◆

竹子的用途相當廣泛，包括：竹風車、古箏、竹箭、竹簍、燃料和竹筷（毋庸置疑），另外還有蓋摩天樓用的鷹架、電唱機的唱針。竹灰還可以用來拋光珠寶與製造電池。竹子可以用來製作精密產品、電燈泡的燈絲、棺材、腳踏車、紙張、食物、竹蓆、飛機包覆外殼以及毒藥。它還是治療氣喘的良藥，可舒緩毛髮和皮膚的不適，做成竹椅、竹凳、竹床、護甲套、玩具、蒙古包、蠟、蜂箱、排水溝、啤酒、針灸用針、雨傘、竹屋、竹亭與製成催情劑。戰爭時，竹子（而非鋼鐵）被用來強化混凝土強度，因為竹莖可增加三至四倍的承載力。

甘藍
Brassica oleracea

原生地： 地中海與亞德里亞海沿岸，其它區域偶有散生

類　型： 二年或多年生，大葉木質莖植物

植株高： 90公分

◆ 食用
◆ 醫療衛生
◆ 商用
◆ 實用

哪裡的園丁肯少種一塊甘藍園圃？凱爾特園丁們早在兩千五百年前就把甘藍帶進菜園，一代接著一代，從羅馬皇帝戴克里先，一路到美國第一夫人愛蓮娜·羅斯福及米雪兒·歐巴馬。除此之外，甘藍也曾掀起目前已知史上最大的食物貯藏技術革命。

冷凍鮮蔬

西元二十世紀早期，加拿大北部拉布拉多省的冰凍荒原上，一個毛皮獵人打破幾個裝著結冰鹽水的桶子，取出裡面結凍的甘藍。克勞倫斯·伯塞——雖然他比較喜歡被稱呼為「鮑伯」，為了一個隨口取悅妻子的承諾，發明出一種獨特的食物保存法。他的妻子愛蓮娜當時正在冰天雪地的孤絕生活中，悲憤地思念著她的新鮮蔬果。如今看來，鮑伯的發明也為他們帶來一些意外的好運。

甘藍在歷史上，可是走過了一段漫長的路才抵達拉布拉多。這種生脆圓滾蔬菜的野生祖先，最早可與中歐、地中海一帶的凱爾特人扯上關係。希臘人稱它們為「卡拉姆拜」（*karambai*），羅馬人則以「高利斯」（*caulis*）與「布拉西卡」（*brassica*）稱呼。如果當年戴克里先皇帝沒有提早退位，跑到斯波利托（即現在克羅埃西亞的斯佩利特）地區達爾馬提亞海岸旁的宮殿種甘藍，而是留在皇位上，也許當年羅馬帝國的國祚可以延續更長久一些。「看看我種的這些蔬菜呀！」他熱情地對朋友說，此時羅馬正值內戰爆發之際。

現今使用的蔬菜英文單字 vegetable 源自於羅馬字的 *vegere*，是成長、活動且生意盎然的意思。而甘藍為何如此普遍？單純只是因為這一小把不起眼的黑色種子，就能長出巨大的可食用植株。2000年，美國阿拉斯加州瓦西利的巴伯·艾佛林漢曾種出一顆48公斤重的破紀錄巨大甘藍。與1989年，

你寄給我的范德高甘藍（Vandergaw cabbage）包裹，要比那些大型的新扁平荷蘭甘藍（Late Flat Dutch）好多了。
——《波比種籽目錄》（*Burpee seed catalog*，1888）

八面玲瓏的蔬菜

甘藍有能力適應大多數的氣候型態與土壤種類，同時也只要求最基本的照料，就能順利長大，這讓它受到世界各地苗圃與農園的偏愛。

南威爾斯的柏納德‧賴佛瑞所保有的世界紀錄（大約是一隻綿羊的重量）、重達56公斤的大塊頭並沒有多少差異。

為了勝利翻土

數量比尺寸更重要，這個想法由第一次世界大戰時的英國國王喬治五世所推動，他把白金漢宮前花圃挖起來，改種甘藍與馬鈴薯。這全是為了當時政府推動的「每個男人都該當園丁」。甚至連英國國教也特許信徒們在星期日下田，畢竟在這一天工作，總比被迫去打仗來得好。於是，英國的農圃從六十萬塊快速增加到一百五十萬塊。

大戰結束，英國產出了令人驚訝的兩百萬噸新鮮蔬果，而自前線回國無以計數的士兵們，能有地方安養療傷，一邊種植蔬果、甘藍養活自己。這些蔬果苗圃發揮了療癒功效，讓士兵們從剛經歷的戰場夢魘中逐漸恢復。

第二次世界大戰開始時，美國的國內食物生產正值供不應求的情況，而且與其把氮原料做成肥料，還不如拿來做火藥更有利潤，因此美國農業部當時竭力

多型性

✦

甘藍是典型的多型性（Polymorphs）植物（譯註，外觀型態極大不同但系出同源的植物），可說植物界的變色龍，擁有許多不同品系。原始的野生甘藍衍生出羽衣甘藍、結球白菜、球衣甘藍、球芽甘藍、球莖甘藍、歐洲油菜、花椰菜等主要品種。但若把它們放在一起養個幾代，就會發現彼此其實十分相似，全是一家表親。不同地區有獨特偏愛的甘藍品種，如1750年在比利時被分類鑑定的球芽甘藍（又稱布魯塞爾球芽）；還有義大利人永遠的最愛，花椰菜（1724年時還有義大利蘆筍的綽號），跟著移民一起來到了美國。

家栽

二戰時期，一個女人在新墨西哥州派鎮料理她的蔬菜田。甘藍不只是對美國的戰時糧食供應貢獻卓著，對英國來說也是一樣。

反對任何「把公園與草坪犁成蔬果農圃」的行動，即1940至1942年，美國農業部長克勞德‧魏卡德的政策。但1942年，波比公司的勝利農圃種籽包發售後，種籽市場的交易量爆增三倍，約有四百萬美國人加入了農業大軍，自己親手耕種蔬果。1943年，美國國內開始配給罐裝食物後，第一夫人愛蓮娜‧羅斯福甚至在自家白宮草坪種起了胡蘿蔔、豆子、蕃茄與甘藍。戰後六十年間，白宮草皮再也沒有它們的蹤跡，直到現今的第一夫人米雪兒‧歐巴馬入主白宮，並指示在白宮花園重建蔬果農圃。

那時的英國政府也努力鼓動民眾種植甘藍。「每一個有花園或農圃的人，讓我們一起為了勝利而翻土吧」，當屆的英國農業部長，也是後世熟知大力推廣藥草園藝的作家艾連諾‧辛克勒‧羅德如此聲明，還寫下了《戰時蔬果園藝指南》（*Wartime Vegetable Garden Guide*）一書。當時德國潛艇將載送食物至英國的運輸船視為攻擊目標，促使公務員亞瑟‧約翰‧賽門斯在他所寫的《蔬果栽種者手冊》（*Vegetable grower's handbook*）中，告訴讀者：「我們應該收集每吋土地上產出的每一口可食綠蔬。」1939年，戰前的英國自海外進口約八百五十萬噸食物，但戰爭時只有十三萬噸，無怪乎英國政府如此急迫地要求民眾在家裡生產食物。

為了讓園藝事業幫助戰事發展，還發明出如「奇士連裝玻璃罩」的園藝設備，保證「不需要額外的土地，讓你的蔬果收成加倍、縮短生長週數，並能確保擁有全年無休的新鮮食材。」當時還有人發行小手冊〈園藝玻璃照對抗希特勒〉（*Cloches v. Hitler*），一本要價六便士。內閣安排了「為勝利翻土」大展，展示蔬果種植的規劃方式，並鼓勵所有的學校開闢蔬菜園圃。這些甘藍菜圃不只供應學童們大量的新鮮綠蔬，還造就了一整個熱愛蔬果園藝的戰後世代。戰時的大量甘藍生產與消費還帶來了另一項好處，作家喬治‧歐威爾那時寫下一段話：「大多

一月是思考與進行規劃的好時間，訂購你的馬鈴薯、蔬果種籽、肥料，以及其它物料，同時確定你手邊的工具都在良好狀態，可以在下一個月，或是當地最早適合下田的時節，讓你以最認真的態度開始園藝工作。
——〈為勝利翻土〉，農業部傳單（1945）

數人其實吃得比以前更健康，體重過高的人數變得更少。」那時人民能強壯健康，一部分得歸功於甘藍。

得利於這些政策，人民很快地得到了新鮮蔬果供應，比他們從前所享用的還豐富。回頭講到二十世紀伯塞夫婦的故事，當時他們與兒子克洛格居住的木屋，離最近的店鋪或醫生都有大約400公里。1886年，鮑伯在紐約出生，之後在麻州的阿默斯特學院念書並進行研究，後因沒錢付學費而被迫輟學。雖曾短暫在美國農業部門任職，但一向愛好冒險的他，說服妻子愛蓮娜相信當個毛皮獵人會是更好的生活方式。

大突破

鮑伯從北加拿大原住民身上學到將肉類事先急速冷凍保存，之後嘗起來會美味得多。魚類、兔子、鴨子等肉類在當地極地氣候下，多半保存在-50℃的戶外，來保持食物的風味。鮑伯當時決定試試將新鮮甘藍凍藏在裝滿鹽水的桶子中。就像他說的：「這些方法，是愛斯基摩人已經使用幾百年的老方法。我所成就的……不過僅僅是把包裝冷凍食物的方法，推廣給大眾知道罷了。」

1917年，當他們全家再度搬回美國紐澤西州時，鮑伯急著利用冰塊、鹽水、電風扇所組成的老式冰淇淋機來「重現拉布拉多的冬天」。之後搬到麻州的格洛斯特，他們繼續研究冷凍各種魚類、肉類以及蔬菜。鮑伯打造了一台移動冰櫃，裝在卡車上在田野裡晃蕩，把撿到的各式蔬果都扔進去凍起來。

在偶然的機會裡，一家食品加工廠老闆的女兒瑪喬麗・梅利維德・波斯特嘗到了鮑伯做的冷凍鴨子。三年之後，她不只買了這些鴨，也買下了他的小小家族企業。1930年，公司改名為鳥眼（Birds Eye），有趣的是，這家公司最主要的冷凍產品居然不是甘藍，而是豌豆。

獲益的象徵

✦

黃花野生甘藍在世界大多數地方都看得到。就像花有花語（如紅玫瑰代表愛情，罌粟花代表懷念），蔬果也有各自的象徵意義。根據維多利亞時代的園藝作家約翰・勞頓表示，「夏季來臨的使者」豌豆，代表「尊敬」，而馬鈴薯代表「仁慈」，至於甘藍，則是恰如其分的「利潤與收穫」。

茶
Camellia sinensis

原生地：中國、日本、印度，北至俄羅斯黑海沿岸

類　型：小型樹種，壽命超過五十年

植株高：人為栽種多半控制於1.5公尺

◆ 食用
◆ 醫療衛生
◆ 商用
◆ 實用

某些植物能讓歷史的路線多拐個彎，某些植物則是緊緊抓著歷史的咽喉，劫持它往另一方向走去。茶，就是這樣的植物。那茶壺裡裝的東西，曾經差點毀掉中國文明，並促成了美國獨立宣言的誕生，同時更讓數十萬的東南亞人民陷入奴役。茶是否改變了人類歷史？無庸置疑。

強力鎮靜劑

那些提供「一杯好茶」的「茶姑娘」，在世界不同角落中，就像是一幅幅溫暖人心、可靠的象徵。第二次世界大戰的倫敦大空襲中，她們為徹夜辛勞、精疲力竭的勤務人員與消防隊員們遞上茶飲；世界的另一端，日本藝妓姑娘半跪在竹屏前，為軍官烹煮出征儀式的茶品；來到北澳大利亞碼頭，為了避免進港軍艦湧出的士兵們打成一片，她們則忙著把裝著香料茶的錫杯塞進大兵的手裡。

即使到了現代，還是沒有什麼比得上那將一撮亞洲茶樹的乾葉子，扔進熱水後泡出來的飲品。西元1757年，英國倫理學家、詞典編纂者薩謬爾・強生（Dr. Samuel Johnson）博士在〈文藝期刊〉中回憶一位老友，「二十年來，他只飲用這種迷人植物沖泡的飲品配餐……下午時間與茶一起消遣度過，午夜時分以茶飲來慰藉心靈，再與茶一同迎接早晨的到來。」強生大概沒有想到十六年後，他的美洲同胞們會為了這種「迷人的植物」，掀起一場茶杯裡的風暴，並創造出一個咖啡擁護者所建立的新國家。

茶以原生於印度與中國地區的小型樹木葉子製成，已有四千五百年以上的歷史。相傳最早做為藥草，由神農氏在西元

前2737年發現。茶樹本身是一種簡單樸實的植物，屬名以一位十七世紀的耶穌會植物學家開米利烏斯（Camellius）的姓命名，同屬中包括一些園藝上備受喜愛的華美品種。相較之下，茶樹那帶著一撮粉紅花蕊的蒼白花朵，實在不怎麼吸引人。然而，古代中國人發現把乾燥的茶樹葉子泡在熱水中，能烹煮出帶來奇異滿足感與平靜心境的飲品。西元前八百年，中國人非常慷慨地將茶道經由韓國傳到日本，接著又在1657年傳進英格蘭。為了刺激茶樹長出大量的葉子，樹的枝幹需要經常修剪，樹體也不能太高，以方便採收茶葉。採茶者則將枝條編成的大籃子，像背包一樣揹在身後，用指頭掐下茶樹最末端的葉芽與相鄰兩片嫩葉，做為頂級茶葉原料（譯註，即所謂的一心二葉，亦稱白毫）。如果較為重視產量的話，可能會要求採茶者多採一片較老的葉子，即一心三葉。採茶是個細膩的過程，須用手指小心地掐下葉子，再以柔軟的掌心溫和地包住它們，因此採茶的工作遲遲無法被機器取

茶園
感謝有這麼多適合種植茶樹的土地。中國一直是世界上最大的茶葉生產國，遠遠超過印度。

品味獨具的君王
神農氏是中國傳說中精於農業的君主，親口嘗過了許多藥草，以確定它們的特性。被認為是引導古代中國建立農耕技術與原理的先驅。

茶是一種摧毀健康的東西，其削弱人的身體、促成人性變得柔弱、懶散，一邊腐化年輕人，一邊造就老年生活的悲慘。

——威廉・科貝特，<農舍經濟>（1821）

代，低廉的人工薪資也拖延了採茶機械化的腳步。雖然茶樹也能在某些已開發國家栽種，但真正生產茶葉的，還是那些擁有手腳靈巧、薪資低廉採茶工人的國家。

當採茶工人背上的茶簍裝滿時，便回當地茶廠進行加工，經過萎凋、揉捻、發酵、乾燥等順序，最後依據成品的種類進行分級。傳統上遠東地區偏愛製成綠茶，在茶葉發酵中途加熱，藉此中斷茶葉的自然褐化過程。西方則偏好製成完全發酵的紅茶，並以採收茶葉的類型分級，像是碎橙白毫、橙白毫以及小種（譯註，此指除了一心三葉外，還採取到第四、五葉，與古紅茶品種小種茶不同）。

中國茶

十八、十九世紀時，越來越多歐洲人從原有的傳統淡啤酒、便宜麥酒以及普通井水，轉而追求茶。由於茶中含有微量咖啡因，因此茶喝得越多，就越想喝更多。威廉・科貝特曾站出來指責茶：「它事實上是一種效力較輕的鴉片酊，雖然可以令人一時振奮，但之後會因此萎靡不

振。」他說，每年婦女都浪費了最精華的一整個月，整弄有關茶具的瑣事，放著廣大的勞工孩子們不顧，「留下骯髒的床單與襪子後跟的破洞」。儘管科貝特竭力反對，茶飲還是暢行無阻地滑下十八世紀歐洲人的喉嚨，不分貧富。

當英國東印度公司確保了馬德拉斯、孟買、加爾各答幾個貿易熱絡的印度港口後，便可繞過對手法國東印度公司在印度南部的勢力範圍。到了1757年，英國自孟加拉領袖們手中奪得印度東北部富裕省份的控制權，使得英屬東印度公司超越了強勁的法國競爭者，在下一個世紀裡主宰了印度貿易。在木材、絲、各種瓷器等主要貿易商品之外，一起運送回家鄉的還有中國茶。

然而，這是條單向貿易路線。中國是個自給自足的文化圈，僅僅承認西方世界的存在，卻不需要與遙遠的西方國家交易日用品、技術及理論知識。但中國卻是世上最大的茶葉生產國。更因為中國本身也是個巨大的茶葉消費市場，除無意輸出茶樹，也不願依照西方茶葉商人的要求，以紙幣購買茶葉。中國對西方物資沒有多大興趣，但渴求如金、銀、銅等貴金屬。當時的西方茶販雖然希望以紙幣購買，但還是被迫以貴金屬進行交換，這讓西方商人恨得牙癢癢。貿易使節團雖然一批批地來到中國，希望說服中國統治官員們開放邊市貿易，但往往空手而回，還被教訓大多數西方工業技術的「發明」，像是播種機、金屬犁、印刷術以及火藥，中國工程師們早在好幾個世紀前就開始使用了。最後，某個像伙想出個聰明主意，改變了一切——以鴉片交換茶葉（請見罌粟，148頁）。

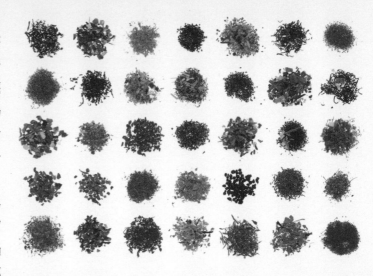

任君挑選
全球性的茶狂熱，發展出各種不同的茶飲種類，像是綠茶、白茶、紅茶、黃茶、茉莉花茶與菊花茶等。

茶壺

大多數國家僅以一般水壺泡茶，英國人卻熱愛使用中國式的茶壺。但十七世紀晚期英國本地的陶器品質，並沒有好到可以承載滾燙的開水。因此中國茶壺跟著茶葉一起來到英國。早在一千五百年前中國便發明瓷器，並且發展到極致，遠早於歐洲人。當船隻運輸重量輕盈的貨物時，便會載上瓷器做為壓倉貨物。中國茶壺與飲茶習慣，很快地與茶葉一同普及開來。

印第安茶工

西元十八世紀時，北美人民與其它人一樣熱愛喝茶。但如今加拿大人比他們偏好咖啡的美國鄰居多喝了大約四倍。事實上，愛國的美國人在過去兩百年中，茶葉的消費一直都比鄰國少。這也許可以追溯到1773年12月的某一天，當麻州波士頓的查爾斯河水被大量傾倒的茶葉染黑時。當時，一群看似莫霍克族的印第安搬茶工，爬上碼頭邊的三艘運茶船，有計劃地打開所有裝茶的貨櫃，一櫃接著一櫃地將茶葉倒入河中。

這些扮成茶葉搬運工的其實不是印第安人，而是白人異議份子正喬裝進行反對計劃，向他們自以為是的統治者英國政府抗議，反對其增加北美地區的貨物稅，尤其是茶葉。英國政府在本土調降茶葉的稅收，以杜絕當地有利可圖的走私行為，卻造成稅賦的損失。為了彌補財金缺口，他們打算增加北美殖民地的稅收。當英王喬治三世與英國議會片面對北美人民宣布他們必須遵守的義務時，北美人民聚集起來咆哮：「沒有國會代表席次（指北美人民在英國國會的席次），就沒有義務繳稅。」接著北美抗議人士展開了反抗行動，讓茶葉化做河裡的茶渣。喬治國王一方面不願放棄北美殖民地的主導權，一方面又想展現

反抗
1846年納薩尼爾‧柯里爾繪製的波士頓港口破壞事件圖。儘管美國人比較喜愛咖啡，茶仍然是非常普遍的飲料。美國每年的茶類企業產值便高達十億美金。

政治主宰力，以保住兒子的王位繼承權，拒絕在稅收問題上讓步。於是波士頓茶黨開始在紐約、費城、安那波理斯、薩凡納、查理斯頓等城市展開抗議活動，團結的北美人民就此將茶飲撤出下午茶聚會，英國也因此關閉了波士頓港口。英國王室犯下的錯誤並沒有漸漸被人民遺忘，反而進一步地促成1776年7月4日，北美大陸議會宣布的獨立宣言。這不僅彰示了美國從此脫離英國統治，也讓議員們開始反思英王喬治早前對他們實行的暴君法案。

運茶競速

一直到1850年代，長途海洋商船還是以沉重的木造船為主，以重達一千噸的堅實陳年風乾木材建造而成，帶著海員們堅定地破浪前進，遠渡重洋地停靠在異國的港口。當1833年東印度公司壟斷貿易路線的局勢被打破，讓眾多商人們心跳加速，展開國際海洋貿易大戰。當時英國與美國人競相製造更時髦、更快速的高速帆船（Clipper，剪刀之意，意味高速帆船剪破大洋阻隔），這種帆船外形更符合空氣動力原理，尖銳的船頭足以切開浪頭前進，而設計為傾斜的桅杆，則可以塞下更多的船帆。當海風順時，高速帆船能一路衝回家鄉，帶回珍貴的貨物（有時還有違禁品，比如奴隸）。他們飛馳航經中國海，穿越印度洋，繞過好望角，然後越過大西洋抵達紐約、倫敦、利物浦與貝爾發斯特等港口，只需傳統商船航行的一半時間。

　　高速帆船的船長們互相比著飆回故鄉的速度，媒體們則報導航程中的種種英雄事跡，而茶往往是這些故事的主要元素。模仿當季新釀的薄酒來葡萄酒自巴黎運到倫敦這種搶時效的貿易，茶商也會催促船長們縮短運輸的時間，刻意忽略這麼做對消費者沒多大好處的事實，其實新鮮的茶葉，與存放了十二個月的茶葉，嘗起來並沒有什麼不同。於是最快航程紀錄不斷地被創下再打破，那些知名快船的船名，像賽莫玻里號（*Thermopylae*，亦即斯巴達三百壯士死守的溫泉關）、卡提薩

作弊行為

　　茶葉的普及，造成了另一現象，許多奇怪成分開始出現在茶葉的錫紙包裝裡，混充體積，像是接骨木花、灰燼葉（與羊糞一起煮沸至呈現茶葉顏色）、鐵屑，甚至是黑鉛粉。綠茶則可能混入中國黏土、薑黃、普魯士藍與熟石灰。根據1897年的〈卡西爾家庭雜誌〉（*Cassell's Family Magazine*）指出，這並不是中國輸出商人的錯。「茶葉……蒙上惡名昭彰的弊端。而這些問題，似乎是我們自己的迷戀愛好一手造成，而不是中國輸出商人這樣做的。」當時的茶葉建議應該先用冷水洗過，再以平紋布過濾之後，才拿來飲用。

這張十九世紀平版印刷圖的主角就是賽莫玻里號。多桅與方形帆使得這類高速帆船得以便捷地穿梭在港口之間，遠快於從前的船隻。

克號（*Cutty Sark*，短襯衣之意，目前保存於倫敦港口），還被用來冠在它們運送的茶葉名牌上，代表頂級茶葉。一杯杯「卡提薩克」茶，很快就在市場上出現。

然而好景不長，洋面開始出現緩緩前進的蒸汽船，讓快速帆船成為茶葉運輸上跑龍套的角色。由於蒸汽船必須不斷靠岸補充燃料，使得它們無法勝任長途運輸的重擔。但長達171公里的蘇伊世運河完成，將中國到歐洲的航程縮短一半，這讓蒸汽船占盡優勢。依賴風力的快速帆船無法利用紅海變幻無常的海風，不得不捨棄這項便利，從而繞過好望角，進行長達三個月的漫長旅程。十九世紀末葉前，快速運茶的帆船時代便告落幕。

錫蘭茶

✦

斯里蘭卡以出產高品質茶葉出名，但在長達四千五百年的茶葉歷史中，它還只能算個新產地。斯里蘭卡的茶貿易事業，誕生自一場成功的農業意外。錫蘭是斯里蘭卡在1948年脫離英國統治前的地名，因有著完美的高地丘陵，被英國農業人士勸服適合種植咖啡。但在種植之後，當地卻爆發咖啡鏽菌（*Hemileia vastatrix*）感染，以及鼠類肆虐，只能放棄改種金雞納樹，生產奎寧藥品。但是金雞納樹皮的生產無法與荷蘭人在馬來西亞的相同事業競爭。最後在絕望之餘，業者才轉而嘗試種茶，也終於讓他們看到利潤。

大規模農場化作物

2009年，聯合國開始表達對「土地掠取」（即富有國家購買貧窮國家土地之行為）進行關切。美國、印度、利比亞、阿拉伯聯合大公國、中國、南韓與日本等國家，購買或租賃他國土地種植生質燃料的農作物，以取代石油的消耗。這些被掠取的土地規模，已達全歐洲可耕作面積的一半。聯合國預測這種自外國獲取農作物產品，並採用密集耕作的土地利用方式，將導致被掠取土地的國家糧食短缺，並對當地生態環境造成問題。舉例來說，南韓汽車製造商大宇公司在馬達加斯加簽定99年的土地租約，涵蓋130萬公頃的農地，引起了當地人民不安，最後甚至導致馬達加斯加的總統馬克·拉法羅曼那納下台。

這種大規模農作問題是歷史的經典案例，不斷地重覆上演。十九世紀，茶葉栽種者在帝國新增版圖內尋找適當土地，清除原生植物，竭盡所能地擴大生產茶葉的規模。不僅破壞原有社群與生態系統，還剝削

當地廉價勞動力，特別是印度，最後人民終於忍無可忍，起身奪回公民權力。茶葉改變了家居生活、改變了海洋貿易，甚至在所有種植茶葉的國家中，改變了它們原本的社會平衡。

手工採茶

十九世紀末，錫蘭（今天的斯里蘭卡）採茶工的攝影照片。今日斯里蘭卡是世界最大的茶葉輸出國之一，占了近全球茶業貿易的三分之一。

大麻

Cannabis sativa

原生地：中亞
類　型：一年生、速生植物
植株高：4公尺

◆ 食用
◆ 醫療衛生
◆ 商用
◆ 實用

不管是 Cannabis、Hemp 或 Marjunan，每個詞彙指的都是大麻，也都惡名昭彰。雖然在西方世界，從名嘴政客、執法官員到大學生的家長們，往往不約而同地把它當做指責的對象，但它依然成為世上最受歡迎的休閒藥品，用來找些樂子、打發時間。做為人類最早馴化、耕種的植物之一，大麻至少對兩位美國總統來說，扮演著重要的角色，美國獨立宣言是在大麻紙上起草的，而大麻也被視為環保綠色植物的表率與救星。大麻，到底錯在哪兒？

多功能麻醉劑

1970年代，城市裡的家庭花園與植栽園圃裡出現了一些奇異的景象，一臉迷惑的包心菜與蘿蔔園丁們，看著許多制服筆挺的緝毒組警員出現在園圃間，打包帶走大量的蕨類植物，並把憤憤不平的嬉皮們，與種植這些植物的主人一起送進牢裡。執法機關很少對一種日常生活常見、大家都在栽種的植物採取如此嚴苛的態度，甚至立法予以限制。但大麻（*Cannabis sativa*）可不是個普通角色。在大麻開始受到法令限制約八十年的時間裡，有些人懷疑，這樣的做法是不是有點淪於因噎廢食的窘境。與無法永續經營的石化塑料工業生產的織品比較，大麻可是個純自然的永續素材：天生成長快速，還不需要額外添加肥料、農藥與殺蟲劑。當環境氣候夠溫暖時，大麻只要三個月就可以完全成長，產出的植物纖維強度比棉花強上四倍之多。這種可以快速栽種採收且永續生產的農作物纖維產品，可以製成建築與汽車板材，還能生產高透氣的涼爽衣物（這得感謝大麻纖維的中空孔隙結構）。

然而，就因為大麻同時含有四氫大麻酚（THC）化合物，讓它備受世人詬病指責。古希臘作家、古典史學奠基者希羅多德曾提到，古代在黑海周圍游牧的賽西亞

人有些奇怪的習俗便與大麻裡的成分有關。希羅多德在他的名著《歷史》一書中寫到，賽西亞人用木枝與羊毛毯搭起一個能遮風避雨的小帳篷，然後鑽進去。裡頭有著燒紅的石頭床，上面放個裝滿大麻種子的小碟子。「碟子隨即冒出煙並產生大量的蒸氣，這是希臘式蒸氣浴根本比不上的。」傳說賽西亞人吸了蒸氣，就會發出歡愉的狂嘯。

麻繩

為了保持麻繩乾燥與避免發霉腐爛，通常會在表面塗上瀝青保護。這種加工過程也被稱為「焦油化」。這種保護性的加工程序每隔一段時間，就必須重做一次，十分耗時費力，因此麻繩逐漸被淘汰。

似曾相識的景象重現：「燃燒出來大麻煙應該被深深吸進去，然後摒住呼吸撐個幾秒鐘，這對沒有抽煙的人來說可能有些不舒服。混入香料與薄荷會讓味道溫和一些，不過混合六顆磨碎的丁香花苞，對喉嚨來說是最輕鬆愉快的配方。少量的大麻煙可以帶來愉悅的朦朧與鬆弛感。法國印象派藝術家常會使用大量的大麻煙來產生類似迷幻藥的效果。」尼古拉斯・桑德斯在1975年出版的《非主流英格蘭與威爾斯》（*Alternative England and Wales*）中寫道。

四氫大麻酚是大麻中主要的藥物成分，數千年以來大麻被醫生們用來舒緩疼痛、治療各種大小病症，包含癌症、憂鬱症、阿茲海默症等等在內。大麻在醫藥與麻醉方面有著不可忽視的重要性，而其做為纖維植物的實用價值更是影響深遠。

絕大多數的專家們都同意大麻有一段漫長而混亂的過去。希羅多德說道：「大麻出產自賽西亞地區，色雷斯人則將大麻細密地織成布匹，製成衣物。他們如此堅持廣泛應用大麻布料，以致於沒見過實際大麻作物的外邦人，可能會理所當然地以為大麻是一種布料。」不過四千五百年前的古代中國可能早就學會製造大麻布料。千年以來，中國持續改良大麻栽種與加工技術。進入二十一世紀時，中國已是世上最大的大麻布料生產國，東歐國家如羅馬尼亞、烏克蘭、匈牙利，還有西班牙、智利與法國則緊跟其後。大麻被認為可能起源自俄羅斯南部。十七、十八世紀時，船隻雜貨越來越仰賴麻繩來維持營運，俄羅斯則控制了船

劊子手的大麻

✦

同樣是指大麻這種植物，有時候hemp被用來描述做紡織品的大麻，而marijuana則用在麻醉藥品方面。為什麼呢？marijuana這個字源自於墨西哥式的西班牙語，而hemp則是來自盎格魯－薩克遜語系，如*hennep*、*hamp*，以及古冰島語的*hampr*。在美國被稱為ditchweed的大麻，拉丁語稱為*cannabis*，希臘語是*kannabis*，也是大麻的學名。1930年代的字典中描述大麻是「起源不明」的植物，用途為製成帆布、纜繩與劊子手的絞頸索。

用麻繩的大宗生產事業，成為主要供應國家。1812年成功打敗英國海軍軍艦的美國軍艦憲法號（USS *Constitution*，被暱稱為「鐵皮佬」），戰後需要六十噸的大麻以製作替換的纜繩與帆布。當時英國海軍的任務，正是封鎖包括俄羅斯大麻在內輸向北美的重要物資。

大麻利潤

在許多因大麻獲利的美國人中，美國憲法的起草者之一班傑明・富蘭克林，與舊金山的商店老闆勞伯・史特勞斯可說是獲益最大。富蘭克林因許多發明與事業而成為知名人士：他率先自英國引進錫製浴缸，發明了避雷針、雙對焦眼鏡，並將家用火爐改良更具效率。生在父母為虔誠信徒的波士頓家庭中，他是英國北安普敦郡艾克頓移民約書亞・富蘭克林與第二任妻子的第十個兒子。長大後成為同父異母哥哥詹姆士的學徒，在美國最早的報紙《新英格蘭新聞》（*New England Courant*）工作。不過沒多久班傑明就搞砸了跟哥哥的關係，

THE DECLARATION OF INDEPENDENCE.
JULY 4. 1776.

革命纖維
美國歷史上最富盛名的文件《獨立宣言》據稱就是寫在大麻製成的紙張上。這紙張還是來自班傑明・富蘭克林擁有的造紙廠。時至今日，大麻在全球紙漿生產中還是占有一定分量。

一個人跑到賓州。當時十七歲的他身上只有一塊錢，但四十二歲時，他就從印刷事業提前退休，轉而投身公共事務，像是民主運動、科學發展與素食主義。

美國獨立革命的三十年前，當時北美殖民地與英國政府的關係因為一連串的貿易限制政策而陷入僵局，但包括紙漿在內的許多日常生活物資因受到英國的控制，不得不仰賴英國。富蘭克林試著脫離令人厭惡的依賴關係，並以大麻紙漿做為替代。不止如此，喬治・華盛頓、湯瑪斯・傑佛遜等開國元勳都擁有大麻農場。當年《獨立宣言》的起草，被認為就是寫在富蘭克林造紙廠所製造的大麻紙上。

《獨立宣言》生效約一百年後，一位內華達州的裁縫雅各・戴維斯與他的合夥人勞伯・史特勞斯，將他們所發明的飾有銅質鉚釘的強化斜紋布工人褲，或俗稱的牛仔褲（Jean，義大利熱那亞對水手用斜紋布料的稱呼）申請專利。來自德國巴伐利亞的勞伯，後來改名成李維

（Levi）。1853年，他隨著掏金潮從紐約搬到舊金山，想要藉著這股浪潮撈一筆。最初主要販賣以麻布與粗帆布製作的帳篷或蓬車頂，後來便轉而替撈金客做褲子。早期的牛仔褲正是用麻布製成，在工人們持續抱怨粗糙的麻布容易磨傷後，就改成使用法國尼姆（Nimes）生產的粗棉布料。

大麻擁護者努力奮鬥著，想把它帶回人類日常生活中，聲稱它是對環境更為友善的造紙農作物，其它造紙用作物在製造過程中須消耗較多的化學藥劑，伐木過程也對環境造成更多破壞。擁護者還表示，同樣是紡織作物，棉花需要更多殺蟲劑與農藥才能順利生長（請見高地棉花，88頁）。

> 在大量的國防文獻中，幾乎每篇都有這樣提到：大麻繁茂地生長著，甚至到了過度旺盛的地步，讓我們完全不用擔心沒有繩索可用。
> ——湯瑪斯・潘恩，〈常識〉（1776）

然而西方世界，大麻為危險毒品的想法已根深蒂固，殊不知製成衣物與紙張後的大麻，其中四氫大麻酚的含量已微乎其微。大麻的爭議，源自美國1920、30年代的禁酒爭論時代，最後演變至立法禁止販酒飲酒。這種對於是否以法律約束煙酒的議題，從十九世紀的節慾運動開始。然而，酒類相關事業轉為地下化，私釀及私售酒類的生意依然照舊，不過是讓貪污收賄的警員與政客人數達到新高點罷了。這樣的時代氛圍下，大麻也被認為是種有害毒品，遊民、墨西哥移民、黑人音樂家口中的「草」（大麻的俗稱）對人類來說一點好處都沒有。因此當聯邦麻醉品管理局局長哈利・艾斯林格與報業大亨威廉・赫斯特等人都一面倒地譴責大麻時，它被消滅的命運便已註定。有些說法認為對這位報業大亨來說，新開發的大麻造紙技術，可能威脅到他所擁有的傳統印刷利益，不過威廉大可轉而投資大麻造紙業。另一個較為可信的說法是，他相信了局長哈利，接受視大麻若仇寇的態度，發表許多誇大不實與大麻負面效應的文章與報告。

1937年美國通過的大麻稅法案，引發西方國家一系列禁止大麻的法律行動。然而吸食大麻的用量，卻在十年後增加了10%左右。

最古老且最受愛戴
+

與開著藍色花朵的姊妹亞麻（Linum usitatissimum）比較起來，大麻在人類歷史上還真是惹出不小的風波。不過亞麻做為人類紡織用的纖維原料，卻要比大麻早得多。瑞士出土的新石器時代遺跡便有亞麻布，而古埃及人更是利用亞麻布來包裹木乃伊。但因為製做亞麻布的乾燥過程中會發出腐敗臭味，所以曾受到一些貴族們的禁止。無論如何，亞麻紗與布料是最古老的纖維作物，也是最受喜愛的紡織品之一。

大麻源頭
在被大麻取代之前，亞麻是人類主要的紡織纖維來源。

辣椒
Capsicum frutescens

原生地：中南美洲與西印度
群島，其它亞熱帶
氣候區也有栽種

類　型：多年生植物，通常
一年收穫一次

植株高：依品種而不同

◆ 食用
◆ 醫療衛生
◆ 商用
◆ 實用

當君士坦丁堡於西元1453年淪陷於土耳其人之手，橫跨大陸輸入歐洲的黑胡椒貿易也隨之中斷，一時之間衝擊了整個歐洲。胡椒（*Piper nigrum*）貿易的中斷，嚴重打擊了地中海國家的經濟。它們立刻送出海洋探險家探索已知與未知的世界角落，尋找適當的替代品。1490年，他們找到了「辣椒」。

火辣爭議

十四世紀的荷蘭家庭主婦走進位於阿姆斯特丹的雜貨店時，掏錢買到的椒類香料會是一把把堅硬的黑色種子，即黑胡椒，遠從印度翻山越嶺來到她的手上。但今日的阿姆斯特丹雜貨店，卻可能有其它選擇，像是新鮮辛辣的番椒（*Capsicum annuum*），直接取自市郊的溫室農場。將胡椒、辣椒都當成椒類香料混為一談，是因為西元1492年，來到加勒比海的哥倫布水手們所造成的誤解，將辣椒家族（Capsicum family）中的某些辛辣植物當成胡椒。野生辣椒的起源或許來自加勒比海的圭亞那（Guianas），許多辣椒物種與品系的命名，也顯示它們與加勒比海地區有深厚淵緣。阿茲提克人很早就懂得如何栽種辣椒，他們了解辣椒在醫療與烹飪上的妙用，並將之介紹給入侵的西班牙人。部分西班牙水手初嘗辣椒就被辣得淚流滿面，只能狂灌啤酒壓下辣椒帶來烈火燃燒般的味覺衝擊。當這些西班牙人回到船上報告見聞時，只能用記憶

If Peter Piper picked a peck of pickled peppers
Where's the peck of pickled peppers Peter Piper picked?
——十九世紀英文繞口令

中類似的亞洲生產的黑胡椒來描述辣椒的味道，將辣椒取以 *Pimiento* 的綽號，即西班牙文的胡椒。這類植物的辣味來源是一種叫做辣椒素（Capsaicin）的化學分子，種子內皮的濃度特別高。生辣椒中的辣椒素可以讓人淚流不止、舌頭發燙，但阿茲提克人也發現，它可以降低血壓、舒張動脈。在現代醫學裡，辣椒素被製成膏藥，用來舒解關節炎疼痛，治療帶狀皰疹、糖尿病、神經痛以及緩和手術中病患的疼痛。在墨西哥，它還是治療牙痛的傳統藥方。

辣椒防線
在非洲某些地區，辣椒被用來保護農作物。將它們掛在鐵絲網上，散發出的強烈味道能使大象不敢太靠近。

　　在熱帶與亞熱帶地區，辣椒已做為經濟作物普遍地栽種，其中包括美國、遠東、東非與西非。番椒（*Capsicum annuum*，含青椒與甜椒等）是辣椒屬的物種之一，為大多數人熟知，是不分季節經常出現在沙拉盤中的蔬菜。青椒為矮小的一年生灌木植物，有著深綠色的葉子，開白色花朵，結出球狀果實，成熟時呈珍珠綠、紅橘或黃色。雖然辣椒屬有許多物種，但只有五種被人類馴化栽種，其中僅有三種被廣泛使用，分別是番椒，包括青椒（Bell Pepper）、甜椒（Paprika）、西班牙甘椒（Pimiento）、墨西哥哈拉朋諾椒（Jalapeno）、鈴鐺辣椒（Cascabel）以及卡宴辣椒（Cayenne）等；辣椒（*Capsicum frutescens*）；中國辣椒（*Capsicum chinense*），包括了 Habanero 與 Scotch Bonnet 這兩種品系。其它還有一些馬刺辣椒、灌木辣椒、花園薑之類，再

辣到失控

◆

1912年，偉伯·史高維爾（Wilbur Scoville）在美國藥品公司設計了一個測定辣椒辣度的方法，稱為「史高維爾感官測驗」。這個測驗需要一群志願者，以他們的味蕾分辨經糖漿稀釋過的辣椒溶液。過程中依次逐漸增加糖漿，直到受試者感覺不到辣味為止。史高維爾的測試員可以分辨0到35萬倍的稀釋倍數，青椒的辣度落在0到100倍之間，而史考特伯納特、哈巴內羅之類的辣椒，辣度在10萬到30萬倍之間。阿薩姆、孟加拉與斯里蘭卡等地產出的鬼椒，則被認為是世上最辣的辣椒。

加上藏在南美森林裡的未知辣椒，全世界約有超過三千種相異物種。

卡宴辣椒粉

卡宴辣椒通常先打成稠醬，並烘烤成餅狀後，再磨成鮮豔的紅色辣椒粉。

辣醬

好一段時間，辣椒幾乎已經取代胡椒，成為所有椒類香料的代稱。辣椒的英文 Chili Pepper 一詞中，*Chili* 來自於墨西哥那瓦特爾人的語言，即一種長形卡宴辣椒，或稱豆莢辣椒，是卡宴辣椒粉（火辣的調味料）的主要原料。製作卡宴辣椒粉時，辣椒豆莢會先被曬乾、磨碎、與麵粉混合，再烘烤成硬餅，最後才磨碎成細緻的辣椒粉。

傳說不肖業者們會在辣椒粉中填入有毒的紅鉛粉來混充體積。有些種類的甜椒，還能辣到讓大男人痛哭流涕。最辣的甜椒並非來自南美，反而產自西班牙與匈牙利，於西元十七世紀，由土耳其種植者引入，其中少數幾個品種足以與墨西哥辣椒匹敵。另外，辣椒豆莢內的辣度分布不一，豆莢的莖幹、莢芯等部分通常會在磨粉之前剝除。著名的塔巴斯科（Tabasco）辣醬即用南美辣椒的天然辣椒素製成。

西班牙人在很短的時間內，就以一支對於印第安原住民來說不大的軍力，征服了南美洲的廣大區域。他們帶回黃金與珍貴的植物寶藏，像是鳳梨、花生、馬鈴薯以及新發現的辣椒。新發現的辣椒快速地傳遍了歐洲以及全世界的熱帶地區。約在1540年代，辣椒來到了印度，四百年後，原本為胡椒最大輸出國家的印度，也成為最重要的辣椒輸出國之一。

很快地，辣椒們就在歐洲與亞洲人的廚房裡，取代其他辣味香料的地位。不僅如此，這種火辣植物也在一般家庭後院的小菜園占有一席之地。斜陽下刷白的民房牆上，有如項鍊般掛著曬乾的整串鮮豔辣椒果實，也成為常見的景色。在冬日裡，主婦們則把曬乾的辣椒切碎混入燉菜與馬鈴薯中料理出美味菜餚。

辣椒的引入激勵歐洲人進一步探索植物的實用性。尼古拉斯·卡培坡（Nicholas Culpeper）被薩謬爾·強生博士推崇為「第一個漫遊於林地、攀爬高山之間，尋找具有醫療價值藥草的男人。他絕對值得獲

更多混淆

牙買加、西印度群島、墨西哥與南美洲生長的玉桂樹（*Pimenta officinalis*），結出一種稱為牙買加辣椒、玉桂果或多香果的果實。這類莓果型的青綠色果實被採收、曬乾後再包裝販賣，被當成香辛料廣泛地使用在烹調食物上。它的樹皮可以提煉出化妝品中的香精，榨取的油脂富含丁香油酚，還能如同丁香一樣可以做為烹飪調味料。

得後世子孫感激。」卡培坡當時將辣椒稱做幾內亞（Guinea）、卡宴或鳥椒。在1653年出版的著作《藥草大全》（*Complete Herbal*）裡，他花了不少篇幅說明辣椒的好處，但也直接警告「不該不知節制地使用這種狂野的植物與果實。」

卡培坡曾描述被他稱為幾內亞胡椒（Guinea pepper）的辣椒，受到了火星的影響，「熱氣從外皮或豆莢竄上來……從鼻腔穿過頭部，飛也似地直衝腦門，帶來一連串狂野的噴嚏……刺激出尖銳的咳嗽，引起猛烈的嘔吐。」當丟進火裡時，它還會產生「令人憂慮的強烈有害氣體」。這些胡椒吃下肚後，甚至還可能「對生命產生危險」。不過無論如何，「當正確地應用它

大自然見證者
尼古拉斯‧卡培坡（1616-1654）在他短暫的一生中，以文字記錄了數百種醫用藥草。

們的邪惡特質時，還是可以發揮一些用處。」卡培坡這樣說道，並記錄下了這些用處，像是幫助排出腎結石、緩解水腫、緩和分娩疼痛、消除痣與雀斑、讓肌膚柔嫩、醫治有毒野獸的咬傷、消除口臭與牙痛，甚至還包括「歇斯底里與某些婦科疾病。」簡言之，辣椒是種奇蹟般的草藥，也是個鮮紅火辣、令人滿意的胡椒替代品。

醫用香料
辣椒萃取物被當做反刺激藥物（進一步刺激病痛處進行治療），可以緩解風濕痛、神經痛以及肌肉與關節問題。

金雞納樹

Cinchona spp.

原生地：玻里維亞與
秘魯北部

類 型：常綠樹木

植株高：5-15公尺

◆ 食用
◆ **醫療衛生**
◆ 商用
◆ 實用

它不僅治癒了國王與王后們，也拯救了革命大眾。知曉其奧秘的人獲得種種驚人好運，遍尋未果的人則招致窮途破敗的命運。它撐起了好幾個貿易帝國，特別是維多利亞女王時代的大英帝國，也促進了多達兩千萬人口的奴隸海運發展，金雞納樹造成的國際性社會動蕩至今仍未平息。

瘧疾

「他們說我無所不能。這是謊言，我可不能防禦瘧疾。」莎士比亞筆下的李爾王如此聲明。這個病奪去許多偉大歷史人物的性命，從亞歷山大大帝到奧利佛‧克倫威爾都成為它的犧牲品。要不是某隻愛爾蘭蚊子叮了克倫威爾一口，不列顛王室恐怕再也沒有重回王座的一天。即使到了現代，全球近半數的人口，依然曝露在感染瘧疾風險中。瘧疾的英文名稱為Malaria，來自義大利文的*Mala*，意指壞空氣。瘧疾奪去的人命，超過了所有戰爭與瘟疫所帶走人數的總合。直到西元1930年代前，世上只有一種自金雞納樹皮提煉的藥物可以治療瘧疾。十七世紀中，它穿梭於歐洲歷史間，牽扯了無數愛情、腐敗、詐欺、國際政治陰謀等故事，情節精采，足以與任何小說作品匹敵。

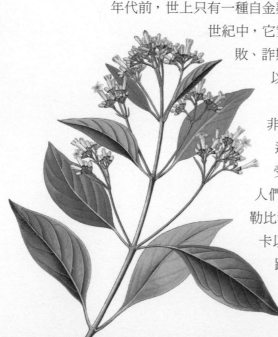

那些飽受蚊蟲肆虐的歐洲、亞洲、西非地區的沼澤與濕地沿岸，以及南美的丘陵邊緣地區，正是傳奇的開端。它們一度飽受瘧疾的詛咒，如今成為生產解藥的地方。人們通常會認為瘧疾是種熱帶疾病，不過加勒比海、多數的非洲地區、馬來西亞、斯里蘭卡以及緬甸等地，卻從未發現瘧疾肆虐的蹤跡。一直到外來船隻艙底積水中的瘧蚊蟲卵孵化傳入後，才成為疫區。南美洲一開始也沒有瘧疾，當歐洲探險家與征服者入侵後，也一同帶進這個疾病。

瘧疾是一種讓人嚴重耗弱的疾病，在美國南北戰爭中，削弱了南方軍隊的戰力，使其在1865年的戰爭中落敗。第二次世界大戰時，要不是盟軍有抗瘧疾藥物「瘧疾平」（Atabrine）供應，恐怕日本人已經征服了緬甸、印度與中國，建起東南亞新帝國。越戰戰後統計，大約有兩萬名美國人曾受瘧疾的感染。瘧疾症狀常常伴隨著惡寒、高燒、出汗的連續循環，快速消耗患者體力，許多患者因為體力耗竭而死。部分受感染者，在瘧疾攻擊之後能得到終生免疫力。部分受過感染的人，則會無預警地再度復發。某些擁有特殊血型的人，則被認為可以完全不受這種疾病的侵害（譯註，即所謂的鐮刀型貧血，其紅血球形態異常，使得瘧疾病原蟲無法寄生）。時至今日，對人類來說瘧疾仍是一種充滿謎團的疾病。

蚊子們

瘧疾的病原並不是蚊子，而是病患血液中的瘧原蟲，但病原則是藉由蚊子的叮咬而傳播。超過四百種不同的蚊子中，約有13％的品種能傳播此病。其中，母蚊子要比公蚊子更為致命。公蚊子與牠們嗜血的伴侶不同，多半靠花蜜與水果維生，母蚊子卻依賴動物的鮮血，吸血過程中則散布瘧疾，吸血後再找潭死水產卵。人類因此可以藉著摧毀產卵環境，來降低瘧疾傳染的風險。除了抽乾濕地的積水，還能在水面撒油改變表面張力，避免母蚊子停留在水面產卵。另外，還可使用蚊帳，或居住於高腳屋，因為蚊子一般無法飛到離地面6公尺以上的高度。如果居住社區或聚落不試著防治瘧蚊，結果就有可能像人類文明史上其它的受害者一樣，被瘧疾消滅。

　　在西班牙首都馬德里南方，有個人口約五千人的小鎮欽瓊。1630年代時，遠在拿破崙發動半島戰爭劫掠破壞這裡之前，此地是西班牙第四任欽瓊伯爵的封地，即舉世聞名的路易斯‧波旁迪拉爵士（Luis Jerónimo Fernández de Cabrera Bobadilla）。1629年，路易斯被指派為西班牙駐秘魯的總督，統治著征服者

班克斯的遠見

◆

約瑟夫‧班克斯爵士擁有多金的英格蘭老爹，對植物學有著永遠無法滿足的好奇心。1771年，在走遍了紐芬蘭、拉布拉多，以及隨著庫克船長一同完成太平洋探險旅程之後，帶回了許多重要的植物物種。身為英國皇家學會主席的班克斯，不只擁有學術權力，同時擔任英王喬治三世顧問的他還擁有不可忽視的政治影響力。然而，當他建議自南美洲安地斯山區帶回金雞納樹樣本，種在英國皇家植物園邱園（Kew Botanical Gardens）時，卻沒有人理會他的意見。直到約一世紀後才得以落實。

恐怖小蟲

總共460種蚊子中，有不少品種可以傳染瘧疾，其中多達40種蚊子在瘧疾疫區相當常見。

皮薩羅口中所謂的諸王之城，利馬（譯註，利馬城的命名日是主顯節，為耶穌出現在東方三王面前的日子）。但是路易斯爵士當時無心管理領地事務，因他的妻子正處於瘧疾感染的末期。當時一位義大利人塞巴斯蒂安・巴度記載，到了最後生死關頭時，爵士的醫師建議服用一種安地斯農民稱為奎那奎那（*Quina Quina*）的偏方。路易斯爵士不情願地接受了這個建議，他的妻子卻因此奇蹟般地康復，活著回到欽瓊老家。靠著奎那奎那這個藥方，欽瓊一帶的勞動人民得以免受瘧疾攻擊，保障了路易斯爵士在當地的經濟收益。

秘魯的蓋楚瓦（Quechua）印第安人早在被西班牙人征服之前，便已知曉並掌握了金雞納樹皮的秘密，他們稱之為「奎那」，即樹皮的意思。金雞納樹為茜草科植物的一種，是南美原生植物，能再向下分出不同品種，其中某些品種含有許多具有醫療效果的植物鹼類物質。所謂「奎那奎那」，在印第安語中指的是樹皮中的樹皮，也就是特別具有療效的樹皮種類，包括三十幾種不同的植物鹼，特別是奎寧（Quinine）與奎尼丁（Quinidine）。這些成分直到現在仍用在醫治包括心臟病在內的多種疾病。通曉奎那奧秘的印第安醫生們，十分慷慨地將這些珍貴的樹皮知識分享給西班牙人，即使他們帶來大量恐怖的傳染病，如麻疹，或許還包括瘧疾。

印第安人也將這些藥草知識傳授給當時的傳教士，特別是天主教耶穌會的教士，這些教士為了拯救異教原住民的靈魂，自以為是地來到當地。天真的印第安人沒有意識到外面的世界是多麼渴求可以對抗瘧疾的藥物，當奎那知識散布出去之後的一世紀裡，原生的金雞納樹幾乎慘遭砍伐殆盡。

1650年起，大約十年間，耶穌會教士壟斷了這種「秘魯樹皮」、「耶穌會藥粉」的供應，但實質上並沒有對歐洲醫藥業造成太大衝擊。當時社會上把這種耶穌會藥粉當成江湖術士的招數，對正統的水蛭醫療來說這只是旁門左道。一位頗富名望的英國醫師羅伯特・塔伯爵士更把它當成一種騙術。塔伯爵士是位擁有極大影響力的專業人士，他所發明的瘧疾藥方相當成功，並獲封騎士頭銜。更曾經治癒英王查理

萌蘗林與敷苔

✦

金雞納的樹皮在樹苗長到十二歲的時候開始採收。有時候會用萌林（coppicing）的方式生產樹皮，亦即砍下樹幹，保留完整根部讓樹木可以再長出來。另一種用在秘魯金雞納樹，同樣可以讓樹木存活的樹皮採法，則是所謂的敷苔（mossing）法：直條狀剝下樹皮後，再把苔癬當做天然的抗腐敗藥物，紮在樹幹的傷口上，讓樹皮慢慢長回來。不過在1860年代的金雞納熱潮裡，南美的金雞納樹往往被野蠻地伐除，剝下珍貴的樹皮後，隨意棄置其它的部分。

珍貴饋禮
十七世紀的秘魯雕刻品，一個小孩捧著金雞納樹枝，獻給象徵科學的神祇。

斯二世、法王路易十四世以及西班牙王后。當他於1681年去世時，人們認為這個瘧疾秘方也將隨著他一起深埋地底。不過不久之後，法王路易十四世便找出這個震驚全世界的關鍵所在：秘方中含有包括奎寧成分的耶穌會藥粉——當初遭到塔伯爵士嚴厲抨擊的藥方。

秘魯樹皮：這種植物類似我們的櫻桃樹，雜亂無章地分布在森林裡，特別是在秘魯基多地區的丘陵地，種子在這落地後便自然而然地成長茁壯。

——尼古拉斯·卡培坡，《藥草大全》（1653）

十六世紀末，一船又一船的西班牙商船把這些瘧疾解藥運向歐洲，而南美的樹林則遭到毀滅性的砍伐。生產解藥的樹最後則以路易斯爵士的家鄉命名，稱為金雞納樹。在荷蘭與英國農藝家爭相搶先大規模馴化種植金雞納樹前，約一百年左右的時間中，西班牙與南美安地斯地區主宰了整個金雞納樹皮的國際貿易市場。

中世紀鍊金術的終極目標，是將常見的廉價金屬轉化成黃金。雖然這個目標從未達成過，但鍊金術的發展依然產生許多意外的發現，鍊金術的直系後代，現代化學，也常在研究中發生預期之外的結果。當年輕的威廉·亨利·柏金在自己的實驗室中，致力於使用煤焦合成昂貴的天然奎寧成分時，找到了人工合成紫色染料的方法，製造出所謂的苯胺紫。當時才十九歲的威廉把這個研究成果賣給德國人，隨即成為一位超級富翁退休去了。直到奎寧被成功合成出來以前，荷蘭、英國與西班牙人只好繼續爭奪金雞納樹，以生產昂貴的天然奎寧。

天然奎寧

十九世紀中，奎寧已成為瘧疾的標準治療藥物。雖然到了第二次世界大戰時，人類終於找到合成奎寧的方法，但種植金雞納樹生產奎寧仍是最具經濟效益的做法。

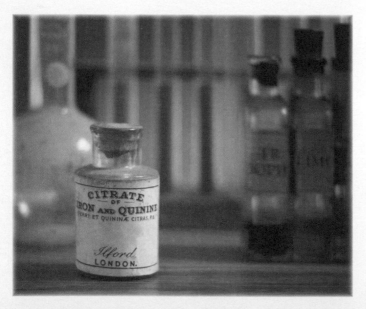

1859年，一名叫克萊門斯·馬克漢的珍奇植物獵人在安地斯山區找到一些金雞納樹，一部分送到英國皇家植物園，剩下的帶到加爾各答植物園與英國政府在印度烏塔卡蒙德那扎里山區的植物園。金雞納樹在這些地方被成功地栽種成長。同一時間，荷蘭農藝專家猶漢·迪·華基博士也在爪哇成功栽種了金雞納樹。

找一株好樹

1865年，一對英國兄弟也加入這

場競爭。查理斯・李格住在玻里維亞的的喀喀湖（Lake Titicaca），在當地進行銀行貿易。他寄了一些金雞納樹的種子給住在英國的哥哥，說明這些種籽是奎寧含量高達10-13％的金雞納樹品種，並叮囑對方賣給政府時，一定要爭取好價錢。但這些種籽卻遭到英國政府拒絕，也因此失去了壟斷奎寧貿易的好機會。反而迪・華基博士與其他的荷蘭農藝家，在印尼成功種植金雞納樹，大幅領先競爭對手。

李格發現的高奎寧產量小葉金雞納樹（為紀念李格，學名取為 *Cinchona ledgeriana*），其樹苗容易招致病害，生長亦緩慢。不過荷蘭農藝家們以發展百年以上的優異種植知識，開發出接枝法，將虛弱的幼苗接上根部強壯的成樹上，順利養大金雞納樹。到了1884年，荷蘭屬地的金雞納樹皮產量已經開始威脅、甚至超越南美洲的貿易主宰地位。雖然英國人最終還是在印度殖民地區成功地穩定生產奎寧，不過往後的六十年間，荷蘭才是奎寧生產之首，而荷蘭首都阿姆斯特丹則是全球奎寧貿易的中心點。

然而，1942年時，隨著新加坡被日本人攻占，奎寧貿易也走入悲劇性的結局。第二次世界大戰時，當英國與荷蘭等國陷入對德戰爭的泥淖中，日本先發制人，重創了美國在珍珠港停靠的主力艦隊，接著占領馬來西亞、新加坡與整個印尼。荷蘭人在殖民地的統治權與奎寧生產事業因此被完全剝奪，盟軍國家也失去珍貴奎寧的供應。同時，日軍繼續北上侵略緬甸，想要進一步攻占當時英國人統治的印度。但是日軍遭到許多頑強抵抗，盟軍部隊不止得到軍火武器的補給，同時也受惠於新的藥物。在日本人可以順利生產奎寧之前，科學家們已開發出新的瘧疾用藥，如瘧疾平（Atabrine）、氯奎寧（Chloroquine）與伯氨奎（Primaquine）等合成藥物。盟軍因此有著抗瘧疾藥物的穩定供應，協助對抗日方。早在中止戰爭的原子彈落在廣島之前，這些藥物便已幫助盟軍，擋下了日本人的侵略腳步。

瘟疫中的瘟疫

◆

2009年，一種具有抗藥性、能對抗眾多合成奎寧類藥物的新型瘧疾，在國際衛生組織間引起一連串震撼。過去八十年來，跨國旅行的遊客常常服用各種抗瘧疾藥物以阻止瘧疾的散布。雖然這些藥物多少有些副作用，但控制疾病的效果相當出色。然而就像其它疾病常發生的情況一樣，這些慢慢突變的瘧疾病原蟲，也對人工合成的奎寧類藥物發展出抗藥性。因此雖然天然奎寧已經退居成為製作調酒用的通寧水或漱口水的調味料等角色，但在對抗瘧疾的戰爭中，保有一定藥效的天然奎寧還是占有一席之地。

金雞納花
金雞納樹的花朵，由許多小叢花朵組成，稱為圓錐花序。

甜橘
Citrus sinensis

原生地：中國及東南亞
類　型：小型樹
植株高：可達7.6公尺

✦ 食用
✦ 醫療衛生
✦ 商用
✦ 實用

一杯新鮮的柳橙汁不僅能以可口而沁人脾胃的方式喚醒清新的早晨，更是營養豐富的飲品，補充人體大量的維生素C。柑橘類水果的優點幾世紀前便為人知曉，但人們鮮少互相共享。當詹姆斯‧庫克船長（Captain James Cook）航向太平洋時，海權歷史於焉而創，英國人也因此永遠被稱為「檸仔」（limeys），這一切全都要歸功於柑橘。

暈船

西元1769年，當一群澳大利亞的毛利人漁夫看見海平面出現怪異的景象時，他們正在勞卡瓦海峽，也就是毛伊之魚（Te Ika a Maui）及毛伊獨木舟錨石（Te Waka a Maui，這兩個地名即是後來的紐西蘭北島和南島）之間的那片豐沛海洋上划著獨木舟。這景象是一艘長達32公尺的三桅帆船。這艘前身為運煤船的商船如今裝配了加農砲，其上飄揚著英國皇家海軍的旗幟。當時這艘船快速地通過海峽，在船身經過水道時，繪於船首的船名露面：奮進號（HM *Bark Endeavour*）。

這艘船上乘載了詹姆斯‧庫克船長（勞卡瓦海峽將重新以他的名字命名），連同其他九十四位乘客及船員。除了當中的兩人之外，所有人都處在最佳健康狀態，這在當時是很不尋常的情況。

海事圖案
奮進號，繪於紐西蘭外海，是
英國海軍史中的象徵船隻。

庫克船長是一名出身寒微的英國約克夏郡人，也是位幹練的水手，個性嚴守紀律謹守本分，還是天生的海上探險家。早在1768年，他便繞行南美洲到大溪地、紐西蘭及澳洲東岸，不到三年便繪製出新水域圖。在此之前，他就以繪製加拿大部分地區的地圖而享有盛名了。所經的探險路線（他的小船幾乎停靠過南太平洋上所有主要島嶼）成功地推翻了澳洲大陸（Terra Australia，源自拉丁文 Terra Australis Incognita，意為未知大陸）是廣闊大陸的理論。庫克也實際駁斥了討海人必染「探險者的疾病」——壞血病的說法。庫克在最佳健康狀況下，完成兩次以上的歷史性航行，一直到他在夏威夷與當地人發生小衝突，突遭襲擊身亡。奮進號上的生活並非像暢銷小說中所描繪的，如同地獄般的水深火熱。（薩謬爾・強生博士認為水手最好關進牢裡，在牢裡水手有更多空間、較好的食物與更優質的夥伴，而且還沒有溺死的風險）。船上的生活是一種階級性的社會制度。在甲板中段工作的是「船腰水手」或「旱鴨子」，他們當中有些人是受到強迫威脅而上船工作；甲板上的則是航海的精英分子，這些「船員」負責修理索具。第一次的航程中，有兩位聲名響亮的植物學家隨行，大衛・索蘭德博士以及約瑟夫・班克斯博士。庫克約束全體人員遵守嚴格的衛生規範以及規律的三餐（其中包括看到就隨即採收的沿海捲心菜 [*Lepidium oleraceum*]，後來被稱做「庫克的壞血病草藥」）。

依據英國海軍軍醫詹姆士・林德的研究，庫克供應他的水手們食用柑橘與一種德國泡菜（醃漬的高麗菜）。儘管人員並非全數返國（1771年終於抵返英國時，有56個人在普利茅資上岸，3名貝克斯醫生的隨行藝術家則死於海上），但這項措施成功地將多數船員自壞血病的肆虐中拯救出來。

壞血病對十七世紀的海上商人來說，可是比海盜

室內的橘樹

◆

西元十七世紀，太陽王路易十四富麗堂皇的凡爾賽宮內就擁有一座橘園。橘園長度超過150公尺、高於13.5公尺，容納了一千兩百棵橘樹，顯示歐洲貴族對溫室橘子（請見鳳梨，14頁）的狂熱。園中飄散著橘子的香甜氣息，橘樹則繁茂盛開著。當時水銀溫度計尚未發明，它的缺席使得調節溫度全憑個人判斷。1703年一位荷蘭園丁范・烏斯登建議，「如果溫室裡的水結凍了，就必須用燃著的油燈……慢慢地讓這些樹暖暖身子。」這種作物讓地主（以及手巧的園丁）的菜餚中增添充滿異國風情且又健康的料理食材。

陽光水果
雖然橘子樹可在室內種植，但在溫度條件15-30℃間就能繁茂興盛地成長。

或惡劣的天候更糟糕的壞運。初期徵狀是皮膚出現黑色斑點、牙齒鬆搖並伴隨出血現象。這致命的訊號透露水手體內的膠原蛋白，以及聚合起細胞的結締組織正在崩壞，接下來幾天裡，死亡伴隨痛苦襲來。

這種疾病不僅發生於擠在船上以鹹牛肉與餅乾為食、持續數月或數年航行海上的水手們身上。一位希臘醫生希波克拉底記錄了這充滿謎團的疾病。十字軍東征，即一場自1096年起，由天主教教廷主導對抗穆斯林的「聖戰」，期間壞血病是基督教徒們的另一種苦難，使得他們最終敗於庫德族領袖薩拉丁之手。

大洋之上，壞血病也阻斷了重大的探險任務。1497年，葡萄牙探險家達伽瑪前往印度的航行途中，全體船員們皆屈服於壞血病的肆虐之下，被迫倉促結束任務。在達伽瑪打算停靠非洲東岸補充新鮮柑橘之前，他在航海日記裡寫道：「我們許多人病倒了。……蒙主上垂憐，我們的病患都因為此地的新鮮空氣而全數恢復了健康。」除了需要清淨的空氣，他也充分意識到柑橘類水果預防、治療壞血病的價值。後來當他的船員染病時，「總督派人上岸，成功地帶回橘子，那是我們的病患所迫切渴求的。」達伽瑪半數以上的人員都死於壞血病，但在知悉了這種療法後，他似乎私下保守著這個秘密。1593年，英國船長理查・霍金斯呼籲「這個海上瘟疫、奪去水手生命的殺手，有智之士應當記錄下相關事宜」。因此一位來自愛丁堡的紳士，在1739年登上他生平第一艘船，在一面擔任外科醫師的助手時，也肩負這項任務，開始觀察記錄壞血病。

> **這種果樹終年結果，花朵與成熟或未成熟的果實們同時綴滿樹間。**
> ——泰奧布拉托斯（西元前371-287）

這位年輕的紳士詹姆士・林德在航行到地中海，續航至西印度群島的首次任務中全身而退。到了1747年他被擢升為英國海軍薩利斯伯里號（HMS *Salisbury*）上的外科醫師，為壞血病測試各種不同的治療方式。他挑選了十二名患病的水手，將身為實驗天竺鼠的他們浸泡在大蒜、蘑菇、辣根、蘋果汁、海水和檸檬的混合物中。那些接受了柑橘治療的人幾乎隔夜就痊癒了，實驗結果也成為林德先生1753年出版的《壞血病治療法》內容素材。經過了

一段時間後，他的柑橘治療法才終於傳入海軍統治高層，並得到認可，這可能是因為他也將疾病歸罪於通風不良、食物過鹹以及因天氣寒冷所致的「排汗阻塞」等難以接受的因素。

庫克不幸死亡的幾年後，孩童傳唱著旋律輕快的小調「橘子與檸檬」，至今仍為人熟知：

> 橘子和檸檬，聖克萊門斯的鐘說，
> 你欠我五個四分之一便士，聖馬丁斯的鐘說。
> 你何時付我錢？老貝雷的鐘說，
> 當我有錢的時候，索迪奇的鐘說。

這首童謠小調獨特的斷句方式，暗喻當時倫敦可怕的公開絞刑。事實上，橘子源自東方（sinensis意即來自東方），而檸檬被認為來自印度西北部。柑橘類水果在過去與現在都是熱帶與副熱帶地區最重要的水果種類之一。它們的種類從塞維亞柑橘（the Seville）或苦橙（*C. aurantium*）、甜橘（*C. sinensis*）到各種檸檬（*C. limonium*）、橘子（*C. reticulata*）、葡萄柚（*C. paradisi*），以及墨西哥萊姆（*C. aurantifolia*）。「檸仔」這種帶有貶抑的綽號，據說是起源於指那些在庫克船長之後，出海時總不忘攜帶柑橘類水果的英國海軍各級人員。而酸澀的檸檬汁雖然會大肆摧殘他們的牙齒，但檸檬可以保存得比橘子更久。

加州夢

✦

柑橘類水果在西元1世紀時抵達歐洲。1873年，三棵運自巴西的臍橘樹（Navel Oranges）被種在加州河濱市。它們都在五年內結果（其中至少有一棵百年之後仍然能結果），並為美國橘業奠定基礎。在美國，橘子口味列屬最受歡迎的食品口味第三名，這也是為什麼平均每人每年能喝掉16.6公升的橘子汁了。那是什麼比橘子更受歡迎呢？巧克力與香草啦！

酸度測試
柑橘類的水果隨著不同品種有著多變的酸度。其中檸檬、苦橙酸度最高。

檸檬（*C. limonium*）

苦橙（*C. aurantium*）

椰子
Cocos nucifera

原生地：印度至太平洋地區
種　類：單主幹棕櫚類樹木
植株高：30.5公尺

◆ 食用
◆ 醫療衛生
◆ 商用
◆ 實用

什麼東西往上長是棕色的，往下掉卻是白色的？這是一則在夏威夷流行的謎語。椰子樹是我們繪畫熱帶天堂的重點要素。這種巨大核果是否真像傳言，每年都會自天而降地砸死一百多人？不過，椰子的種種好處與意想不到的多功能用途，讓它足以與竹子匹敵。

猴臉

西元1890年，紐約人因為見到來自異地的歐掠鳥（Startlings）而好奇心大起。尤金·施福林在中央公園釋放的這些歐掠鳥，是他打算將莎士比亞戲劇中的所有鳥類，介紹給美國人的瘋狂計畫之一。而當代的實業家注意到另一項進口品，即棕櫚家族中最具經濟價值的成員：椰子。

在人類進入塑膠時代前，椰子提供製造業者繁榮的商機，滿足他們對第三世界廉價物資的渴求。椰子可利用的範圍十分廣泛，從油漆、毯子、籃子到食品與飲料。椰子學名來自葡萄牙文 *Côcos*，最初是被葡萄牙人用來稱呼猴子的臉、頭或大地精（Hobgoblin，譯註，歐洲民間傳說中的類人型妖怪）的俚語，但其完全滿足了商人們的需求。對椰子的無知，讓維多利亞時代的民眾拋棄了愛爾蘭人的「懶人床」（請見馬鈴薯，176頁），相同的愚昧也使得椰子的豐收被稱為「懶人的收成」。無知的謠傳敘述原住民會在椰子樹的傘蔭下小睡，直到椰子掉落沙灘時，沉悶的落地聲驚醒他們為止。在繼續躺回涼蔭下午睡前，他們會用大砍刀剖開椰核果，倒出「乳汁」，並分一些「白肉」餵養母雞。

不過，真相卻不盡相同。印度尼西亞和太平洋群島裡，椰子農必須起個大早，忙著收割作物，準備運往世界各地。椰子棕櫚裡沒有一個細胞不能利用的。遊樂攤業者買下一顆顆完整的椰子果實，做為

**什麼人有三隻眼睛，
卻只有一隻能掉淚？**
——夏威夷謎語

扔椰子遊戲的道具（譯註，這裡指的是 Coconut Shies，一種類似夜市丟圈套獎品的投擲遊戲）；椰子的纖維被加工成墊子；乾果仁或椰乾（copra）則進了肥皂與人造牛油製造商手中。印尼俗諺有云，椰子的用處從年頭到年尾天天不同。乾燥的葉子可生火；椰仁可拿來餵幼兒、母雞和豬隻。甜食和印度甜酸調味醬也都

是由成熟的椰仁製成；編織好的葉子可製成籃子和墊子；捆成一束的葉柄則拿來當掃帚；擠壓磨碎的椰仁則可製成植物油，讓米飯菜餚變得清淡爽口，還能為魚與香蕉等料理食材調味佐料。

堅硬的果實
這張是椰殼纖維繩的特寫，攝於印度果亞（Goa）市場。椰殼纖維繩是由椰子外殼纖維抽取出的粗糙纖維製成。

掀起椰子的頂蓋後，露出裡頭少許清清如水的液體。它可是靈丹妙藥啊！這些液體完全無菌，與海嘯肆虐後被酸化破壞的水井相比，是絕對安全無虞的。第二次世界大戰期間，甚至被用來做為醫治傷者的消毒靜脈注射液。以交叉編織的椰子葉收集這種液體，再發酵成飲料，就是棕櫚汁。或是當麵包剛剛開始發酵的時候，加入棕櫚汁，還有類似酵母的作用。棕櫚汁在蒸餾後，可釀成令人頭重腳輕的烈酒——亞力酒（Arrack）。晚餐喝過亞力酒後，要是返家途中受了傷，可以拿無毒的椰子水清洗傷口，再敷上嚼爛的椰子嫩葉來止血。

人們迅速地將椰子外銷全球。傳教士們把它帶到圭亞那，而葡萄牙人把它引進至幾內亞。十六世紀時，椰子的種植橫越了熱帶美洲東岸。然而，早在人類參與傳播之前，椰子便漂浮在水上，藉由太平洋洋流之力將棕櫚樹種四處散布。到底哪裡才是椰子真正的起源地呢？椰子最古老的幾個名稱都是梵文，意味著印度或許是它的源頭。但是，紐西蘭北島上發現的小型古老椰子殘骸化石，則暗示了它或許在五千年前就進入這個島嶼。

洗滌問題

✦

肥皂在過去曾由動物脂肪或獸脂製成，如今的成分包含來自熱帶非洲西部的椰子油以及非洲油棕櫚（*Elaeis quineensis*）。不過，我們對非洲油棕櫚的依賴已然形成問題。棕櫚油類產品占了食用油類世界貿易總量將近半數，使得相關棕櫚樹的種植占滿馬來西亞、印度尼西亞與巴布亞新幾內亞的廣大原始林地，並進一步威脅泰國、緬甸、印度、菲律賓及拉丁美洲的自然生態環境。解決方式是將棕櫚油的生產，限定於非天然熱帶雨林的土地範圍。

咖啡
Coffea arabica

原生地：衣索匹亞（原阿比
西尼亞）

種　類：常綠木

植株高：高達10公尺

◆ 食用
◆ 醫療衛生
◆ 商用
◆ 實用

咖啡改變歷史。沒有咖啡的地方就沒有
咖啡館。沒有咖啡館，波士頓茶黨、哈利波
特系列小說、拿鐵生活就不復存在。那麼這個世
界又會是什麼模樣呢？

讚美歌

「咖啡嘗來多麼香甜！」作曲家約翰·巴哈如是寫到。「比一千個吻更
可愛，比麝香葡萄酒更甜美」。西元1730年代，時屆中年的巴哈剛完
成他《咖啡清唱劇》（*Coffee Cantata*）的〈安靜，別說個不停〉，準備在
位於德國萊比錫的齊馬曼咖啡館進行首演。而另一位作曲家夥伴格奧
爾格·泰勒曼已在此地成立了巴哈音樂家公社。

　　這齣《咖啡清唱劇》可以說就是從這同時具有藝術性與經濟收益
的誘人飲品衍生出來的。1650年，胸臆間懷著文藝熱情的學生，蜂擁
至英國牛津的第一批咖啡店裡。此後的
十年間，英國日記作者塞謬爾·皮普斯
（Samuel Pepys）與其友人，如詩人約翰·
德華頓（John Dryden），便經常光顧倫敦
的咖啡館。早在二十世紀初，尚·保羅·
沙特（Jean-Paul Sarte）就在巴黎的圓頂咖
啡館度過許多充滿創造力的時光；二十
世紀中期，敲擊派詩人艾倫金斯堡（Allen
Ginsbery）在加州柏克萊的地中海咖啡或梅
德等咖啡店完成了詩作〈嚎叫〉（*Howl*），
梅德對開創拿鐵咖啡的流行居功甚偉。同
樣的，紐西蘭的「淺白咖啡」（flat white，
譯註，一種在義式濃縮咖啡上鋪了薄薄一
層蒸氣發泡牛奶的花式咖啡），多少要歸功
於奧克蘭的DKD咖啡館。1990年代中期，
一位靠福利金度日的單親媽媽喬安·莫瑞

（JK羅琳婚後的名字）正待在大象屋——一家位於蘇格蘭愛丁堡的咖啡屋，進行《哈利波特：神秘魔法石》的寫作。

黑金

或許那第一本繞著咖啡打轉的小說，就出於咖啡豆的故鄉衣索匹亞，現代人類的起源地之一，也是一個還在施行比「葛利果曆」還古老的曆法系統的國家，使他們的日常時間比世界其他國家落後了七、八年之久（譯註，因認定耶穌基督誕生年份有所差異）。而咖啡是他們的黑金。衣索匹亞是人類最古老的國家之一，到了二十世紀，衣索匹亞卻成為世界上最窮困的國家之一，也許部分因素應歸咎於咖啡貿易。咖啡占衣索匹亞海外營收的60％以上；因此，即使相當小幅的市場需求變化，與連帶產生波動的咖啡售價，都可能會引發當地經濟危機。

衣索匹亞是非洲穆斯林最古老的定居地，同時也是第一個基督教國家。如果傳說是本著事實基礎傳唱的話，那麼最先帶來咖啡飲料的就是衣索匹亞僧侶。故事要從牧羊人卡地說起，正當他好不容易找到走散的羊群時，發現牠們精神抖擻地吃著紅色「櫻桃」。林奈在1753年將這種咖啡物種歸類為阿拉比卡咖啡（*Coffee arabica*）。當卡地嘗了這種櫻桃模樣的果實後，快樂地手舞足蹈，在強效的咖啡因精神亢奮之下，他將新娛樂分享給路人與他的僧侶朋友。僧侶開始栽植咖啡樹，並烹煮這種可讓他們在祈禱時保持清醒的飲料。

就經濟角度來看，阿拉比卡咖啡是眾多咖啡中最富變化的物種，占世界總產量的70％。它的最大勁敵是羅布斯塔咖啡（*C. canephora*），而賴比瑞卡咖啡（*C. liberica*）與埃塞爾薩咖啡（*C. dewevrei*）則緊追其後。其他品種，包括擁有傳奇名聲的牙買加藍山咖啡（Jamaican Blue Mountain）、巴西蒙多諾渥咖啡（Mundo Novo）與矮株聖雷蒙咖啡（San Romón）都有共同的生物特徵，果實都包著兩顆橢圓形種子（某些狀況下只會生成一顆果

大無畏的探險家
這幅微型畫在《馬可波羅遊記》（*The Travel of Marco Polo*）一書中具重要地位，並於馬可波羅在世時出版。據聞，這名探險家是第一位將咖啡帶到威尼斯的人。

咖啡一旦敲進身體系統，靈感與點子齊步前進，如同千軍萬馬一般奔騰。

——奧諾雷‧巴爾札克，〈咖啡的歡愉與苦痛〉(*The Pleasures and Pains of Coffee*)(1830年代)

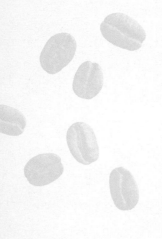

早餐趣

十七世紀，法國境內中產家庭普遍都能享受咖啡。如這幅法蘭索瓦‧布雪1739年所繪的畫作〈早餐〉(*Le Déjeuner*)。

實，這時會被稱做公豆)。另一項特徵是當咖啡豆的外層果肉被剝除後，會失去繁殖能力。

阿拉伯世界以狂熱捍衛自家寶藏著稱，他們自鄰近的蘇丹輸入咖啡豆至葉門，再從那裡的摩卡港輸出。因此，馬可波羅能成功將咖啡帶回家鄉威尼斯的功勞可不小，到了1615年，威尼斯人將這種含咖啡因的新式飲料引薦到「舊世界」(歐亞大陸的別稱)，與來自美洲的西班牙巧克力及中國產的茶相互較勁。最早帶來咖啡樹的是荷蘭人，難怪這個國家到現在依舊是缺了咖啡，就難以正常開始一天。1600年，機智而深具謀略的荷蘭園丁們在新式的玻璃溫室(加熱的花園步道，兩側有花草植物點綴，1599年已在萊頓植物園啟用)裡栽種、繁殖咖啡。十七世紀時，他們將樹苗東運到印度馬拉巴及爪哇的巴達維亞栽種。爪哇及現今的印度尼西亞，已成為世界咖啡主要輸出國之一，荷蘭也因此成為咖啡貿易之王。

1720年，當法國人掌握了咖啡後，法國海軍軍官加布里埃爾‧德‧克利帶著一株咖啡樹出發前往馬丁尼克(法國加勒比海域外省份)。他妥善照顧這株珍貴的植物，度過暴風雨、海盜的威嚇，也躲過瘋狂旅客對樹苗的攻擊。冷靜沉著、忍受缺水之苦，與這棵小樹苗分飲著薄弱的配給。小樹存活了下來，並種植在可以保護它的帶刺樹籬之後，後代成為馬丁尼克咖啡業的根基。咖啡樹以馬丁尼克為起點出發後，迅速擴散至西印度、中美洲、南美洲與斯里蘭卡。

中產階級流行上咖啡館，驅策著咖啡的擴張。據歷史學家托馬士‧麥考(他將咖啡館描寫成重要的政治機構)報導：「第一家咖啡店由土耳其商人開設經營，他為伊斯蘭教徒們最喜愛的飲料增添品味」。1673年，威尼斯開了一家咖啡館，緊接著1720年，著名的佛洛里安咖啡館在聖馬克廣場開張，知名的情聖賈科莫‧卡薩諾瓦時常光顧(當時它是唯一歡迎女性的咖啡館)，兩世紀後，依舊供應傳統的小杯義式白蘭地咖啡(Caffe corretto)。

若咖啡館可稱為藝術創作生產地(儘管倫

敦一位時事評論員形容裡面煙草臭味比地獄的硫磺更糟），它同時也是談生意的好地方。1688年，愛德華‧洛伊德座落倫巴底街上的咖啡店，成為船東們盤桓之地，倫敦的洛伊德咖啡店也是船運保險公司興起之地。倫敦股票交易也在同樣位於倫巴底街上的強納森‧邁爾斯咖啡館萌芽。接著，紐約華爾街出現了一家小咖啡館，經濟學家暨美國第一任財政部長亞力山大‧漢彌爾頓就在此處構思國家銀行計畫，他應該也對咖啡上了癮。1804年，他與副總統阿龍‧伯爾決鬥時身亡。阿龍‧伯爾聲稱漢彌爾頓開槍失手。1773年波士頓茶黨（請見茶，26頁）的計畫就在該市的青龍咖啡館裡形成，同時期《獨立宣言》首度在費城的商賈咖啡館宣布。喝咖啡，相對於喝「英國」的茶，成為一種愛國象徵。

　　自此之後，咖啡的消費量堅定地扶搖直上，並開創了第三世界的經濟，一種屈服於市場價格波動的貿易（咖啡價格一度下滑至1公斤2,000先令，造成數千起倒閉事件）。南北回歸線內的熱帶氣候區裡，幾乎每個國家都種植著咖啡。沿著赤道的咖啡樹，新綻放的花朵兩兩對稱地結出成熟的果實，因此同橘樹一般，咖啡成為仰賴人工採收的勞力密集事業。將咖啡豆海運至先進國家後，讓許多製造業者變成百萬富翁，生產者仍舊一貧如洗。二十世紀下半葉，當地農業生產社團連結了宗教與民間組織，發起「要貿易，不要援助」的運動。由於咖啡館的豐厚利潤與至少兩億五千萬名僅能維生的農人間存在令人沮喪的差距，因此他們著手直接自生產者購進貨物，將利潤回歸種植咖啡的國家。1990年代，這群社會運動者將這場聖戰推向美國，但即使星巴克宣稱採用產地直銷模式，它仍是全世界以最低零售價購進咖啡的最大買家。但對這些社會運動者而言，能在荷蘭奠定公平貿易運動的基礎，是項了不起的里程碑，因為第一個自非洲買進咖啡樹的國家就是荷蘭。

泡沫咖啡

✦

「濃縮咖啡之於義大利，一如香檳之於法國」，法國外交官塔列蘭‧佩里戈爾如是說，隱隱指明他對濃縮咖啡的偏好。卡布奇諾是稍晚出現的一種加入熱牛奶的義式濃縮咖啡，將蒸氣打發成泡的牛奶蓋上濃縮咖啡而成。摩卡（咖啡混合巧克力的飲品）風行一時，橫掃美國，接著在二十世紀末襲捲歐洲。土耳其咖啡則是眾所皆知的「黝黑似地獄，強烈如死神，甜美若愛情」，與舊時威爾斯海邊咖啡館所提供的「泡沫咖啡」（frothy coffee）大相逕庭。

芫荽
Coriandrum sativum

原生地：南歐、北非到西南亞

種　類：有香氣的一年生植物

植株高：約60公分

詩人威廉‧古柏1782年出版的詩集《慈悲》中記述，「印度那滿是香料氣息的岸上」，可知印度素以盛產香料聞名。那裡的印度料理都少不了這香而帶勁辣的芫荽（譯註，台灣俗稱香菜）。但它並非亞洲原生植物，而是來自地中海。這種既高且細、香氣襲人的植物，以對付腸胃脹氣聞名，可做為藥草，亦是烹飪用香辛材料。

◆ 食用
◆ 醫療衛生
◆ 商用
◆ 實用

廚房中歷史

這種細高、隨風搖曳的路邊野草，常在明尼蘇達高速公路邊發現它，地中海島國賽普勒斯靜謐的鄉村巷弄間也有一樣的情景。不管在哪兒它們都生長得茂密旺盛。在埃及點盤沙拉，裡頭可能就有芫荽葉片，有些人將這青翠鮮嫩葉片當做美食佳餚，有些人則避之唯恐不及。就算來到秘魯買碗湯，湯裡依舊可見芫荽葉片。孟買街上的咖哩小販會販售一種以芫荽籽（芫荽的葉子稱cilantro，種子叫做coriander）調理出香味四溢的菜餚。回到中世紀時期，你也許會發現一名因為無法受孕而抑鬱的婦女，正將11至30顆不等的種子（這個數字有種神秘的重要性）綁在左大腿內側——這是一種保證懷孕的咒語。為什麼這種野生的地中海植物，在烹飪與醫藥世界中擁有如此的影響力？

如同薑黃，芫荽亦是自印度貿易而來，為具備絕佳天然淨化力的食物，還能緩和肉類加熱烹調產生的不良作用。芫荽為具香氣種子植物，屬繖形科（Umbelliferae family）。其他包括藏茴香（caraway，*Carum carvi*，

當以色列的孩子們結束埃及奴役生涯，歸返家鄉時，他們在荒野中吃嗎哪（manna），而嗎哪貌似芫荽子。

——文意取自《聖經》〈民數記11〉

葛縷子）、孜然（*Cuminum cynminum*，孜然芹），蒔蘿（*Anethum graveolens*），以及小茴香（*Foeniculum vulgare*）。或許它們都不是被人捧在手心上的珍貴寶物，或足以引發偉大戰爭的關鍵因素，卻都在料理史上認真扮演著自己的角色。歐洲傳統上，藏茴香籽用來添加在蛋糕、麵包、起士以及湯品中調味，其獨特的風味更出現在德國欽梅爾酒（*kummel*，一種混有藏茴香子，帶甜味的烈酒）中；孜然不僅為咖哩粉增添風味，也被應用在草本醫學上，尤其是當做興奮劑與鎮定劑。蒔蘿，一種醃漬黃瓜的材料，也被尼古拉斯·卡培坡（英國醫藥學家兼占星家）推薦用來治療某些疾病。另外，一開始只用來調味湯品與魚露的小茴香，後來也發現富含有益油脂，最後被編列入1907年的《英國藥典》（*British Pharmaceutical Codex 1907*），並應用在製造糖果糕點、辛辣調味料、醃漬物、補品以及烈酒中。

香料生活
西元前一千四百年，一幅位於墓室中描繪不同食物的壁畫。古埃及人將芫荽加在麵包調味。

　　芫荽是種神祕的東西。一如葛縷子、蒔蘿和小茴香，芫荽的療癒特質與消化系統有關。其栽種歷史至少三千年，之所以被喚成中國芹，是因為中國人的文字記載食用它有延年益壽的效果。由於葉子的惡臭，希臘人命名為科里安達（*koriandron*），本意來自臭蟲（*koris*）。希臘人和羅馬人一樣讚賞它的醫療特質，只是羅馬人還將它用來保存肉品。芫荽源自乾燥的地中海灌叢，多虧了羅馬帝國，芫荽才得以引進北歐，也被法國修道院中製做蒸餾酒的修道士們，加進沙特勒斯酒（Chartreuse）和本篤酒（Benedictine）中，並以能促進消化而聞名。

　　也許正是羅馬商人與來往絲路的貿易商進行交易（請見白桑，130頁），或羅馬商船橫越印度洋時，才將芫荽引進印度，並搖身一變成為重要的料理食材。

多才多藝的種籽
在印度，將芫荽籽放在水中煮開當飲料喝，是傳統上治療一般感冒的藥方。

香料還是藥草？

◆

藥草與香料一度被認為遠比調味料重要。它們被詮釋為超自然力量在塵世的象徵，因此在魔法與醫學上都被廣泛利用（這兩個領域的關係於古代密切如姊妹），特性也被仔細研究。以卡培坡為例，他描述蒔蘿為「水星掌管的植物」，葛縷子「也是一種水星類的植物」，而小茴香是「一種水星藥草，同時受處女座的影響，因此具有與雙魚座相反對立的特質」。但卡培坡的列表中獨獨遺漏了芫荽。

番紅花

Crocus sativus

原生地：小亞細亞

種　類：球莖植物

植株高：15公分

◆ 食用

◆ 醫療衛生

◆ 商用

◆ 實用

在中世紀，番紅花是一種無可匹敵的昂貴植物。對廚師與染房而言，它是相當重要的染色劑，但所到之處似乎註定是一片荒蕪與災難。難道這就是它仍為世上最昂貴香料的原因？

獅子座藥草

番紅花是種富吸引力的球莖植物，只有冒出完美的對稱花後，長矛狀的綠葉才會挺立出來（譯註，在葉子生長的同時開花，因此花開後葉子才會完整長出來）。番紅花出現在人類各種日常生活中，從傳統中藥到纖維與米飯的染色，都扮演著非常特別的角色。而它最重要也最受人類關切的就在花裡細小的柱頭中，正如尼可拉斯·卡培坡1653年完成的《草藥大全》（*Complete Herbal*）中提到：「這些花……由六片卵圓形的紫色花被組成，將三枚雄蕊圍繞其中，有如火焰般金黃的紅色；番紅花工坊內所進行的就是收集花朵，置入番紅花窯中仔細烘乾，並製成方塊糕狀。」

當花朵正盛開著，植物便準備進行繁殖。番紅花具有雄性與雌性兩部分，花朵設計用來吸引特定的傳粉媒介，即昆蟲或鳥類。傳粉媒介會將花粉從雄蕊上的花藥傳送到另一棵植物上並使雌蕊受精，雌蕊則由柱頭、花柱與子房所組成。採收番紅花時，固定以手工摘取橘紅色的柱頭與子房，再直接出售或是磨製成番紅花粉。由於每朵花只有三根柱頭，因此，再大量的番紅花也只能得到少許番紅花粉：十五萬朵盛開的蕃紅花朵不過只能製成一公斤的番紅花粉。

卡培坡謂：「它是具備太陽特質的藥草，也是獅子座的藥草，因此，無須再解釋它能極度強化心臟的理由」。他主張施藥時一次不可超過十公克，並指出有些醫師開出危險的劑量，從「一吩到一吩半」（一吩不只是個保守的建議劑量，從專業配藥劑量來看，等

> 番紅花朵在九月搖曳；
> 但葉子直到來春方才長成。
> ——尼可拉斯·卡培坡，《草藥大全》（1653）

同於20格令或1.296公克的微小劑量）。他警告，冒險行事的醫生所做出的危險給藥，會導致「狂放、痙攣性的大笑，最終出現死亡」癥狀。

番紅花收成

這些被埋沒在亞克羅提利（Akrotiri）廢墟下的壁畫描繪著番紅花柱頭收成的情景。亞克羅提利是希臘於青銅器時期，在聖托里尼島上的殖民地，時間可以回溯至西元前1600年。

若能好好善用，這帶著苦甜味、具刺激性的番紅花能幫助消化、降低高血壓、刺激月經與血液循環。不少國家名菜中都可見到番紅花的蹤跡，如西班牙海鮮飯、薩蘇埃拉（zarzuela，一種燉魚肉）、義大利燉飯以及法國馬賽魚湯。它能為蛋糕和酒類增添風味，在羅馬時期，它也被當成一種使空氣清新芳香的香料。番紅花所到之處，似乎都能迅速致富，隨之而來的往往卻是災難一場。亞歷山大大帝藉著洗番紅花浴來舒緩傷口，但之後因染上瘧疾而死。對希臘錫拉（今聖托里尼[Santorini]）島上居民來說，直到西元前1630年一場可怕的火山爆發前，番紅花仍是種有利可圖的作物，這場火山爆發也將所有描繪番紅花收成的馬賽克鑲嵌畫都埋入火山灰下。自1100年代左右開始，瑞士巴塞爾自治市的居民從番紅花獲取利潤，直到突然間作物欠收。類似的狀況也發生在德國紐倫堡、英國東部以及賓夕法尼亞州種植番紅花的農人身上。後者開開心心地以比美黃金重的價格外銷番紅花，直到1812年戰爭期間，遭英國封鎖貿易為止。卡培坡記述「它們繁盛地生長在劍橋郡以及番紅花沃爾登鎮（Saffron Walden）與劍橋之間的地區」。但他漏了說明，事實上，番紅花沃爾登鎮的鎮名正是源自此種香料。不過後來因為農人選擇專心致力於種植新作物，例如來自美國的玉米與馬鈴薯，使得該地區的番紅花市場也如曇花一現。

距人類首度栽種番紅花約三千五百年後，如今這世上最昂貴的香料就栽植在喀什米爾、西班牙以及阿富汗一帶，據說這些地方的農民以交替輪作的方式種植番紅花與罌粟花。

常見療法

✦

十七世紀常見的藥物秋水仙製劑（hermodactyl），被卡培坡描述為「不過就是乾燥的番紅花根罷了」。在英國，好些人因為經管番紅花而遭到起訴，包括1691年被喻為「清教徒與宗教狂熱者」的威廉·布蘭克。根據調查委員會所述：「這位荷蘭裔醫藥暨理髮師醫生（舊時兼營外科的理髮師）……像往常一樣稱以耶穌基督之名」，承認使用「秋水仙藥丸」進行治療，而科爾稱這種行為荒謬可笑。布蘭克駁斥「他們的處方更沒道理」，但在交叉檢驗後布蘭克坦承「並不知道造成水腫與寒顫的原因為何」。

紙莎草
Cyperus papyrus

原生地： 埃及、衣索比亞以
及熱帶非洲

種　類： 溼地莎草

植株高： 2-3公尺，但可達
4.5公尺

✦ 食用
✦ 醫療衛生
✦ 商用
✦ **實用**

實際用途
直到比較晚近的年代，紙莎草才
開始欣欣向榮地生長在埃及尼羅
河三角洲。它曾在這個地方被製
造出各種實用物品，包括小船、
涼鞋以及籃子。

西元前三千年，紙莎草首度從尼羅河三角洲泥濘的岸邊撈掘出來，當下便被用來記錄自己的歷史。紙莎草提供我們紙張原料，不過早在一千年前，便不再被使用。然而，這種古埃及植物或許仍能在二十一世紀裡擁有自己的未來。

紙張淵遠流長的歷史行跡

暫停你的閱讀。忘記你所閱讀的文字、字體以及它所代表的意思，用你的手指滑過這頁紙，去感覺這紙張，你所感覺到的是樹木。它們經海運運送到全世界，然後削成碎片、製漿、漂白、層疊，再運送，上油墨，送至印刷機。這些精緻、光滑的紙張呈現了自紙莎草首次製成紙張之後，五千年來造紙工藝的發展。

紙莎草是來自衣索匹亞地區江河流域一帶的植物，一直在尼羅河三角洲生長著，直到十一世紀受到嚴重乾旱的影響為止。大約四千多年前，埃及人開始在紙莎草上寫字，是我們人類從史前時代轉變成歷史時代的印記。

儘管紙莎草後來被羊皮紙取代（經過剝皮、乾燥處理並壓平的獸皮紙），其輕盈與彈性仍受人重視。到了西元800年左右，即使梵諦岡繼續以莎草紙為教宗詔書，人們早已大規模地停止使用紙莎草。當時中國的造紙技術已經十分發達，而蔡倫對發明製紙程序更是功不可沒，在製紙過程中，以細網眼的竹筐浸入裝有濕紙漿的大桶後拉提出來，再壓平直至乾燥為止。蔡倫在大約西元105年時發明了這套方法，751年這項技術已傳到了阿拉伯世界。他們改良製作過程，使用碎布做為原料，並在十一世紀占領西班牙時，

我們必須從形態學與外在條件下的表現、生產模式以及整個生命歷程的角度，考慮植物獨有的特色與共通的本質。
——泰奧布拉托斯（Theophrastus）（西元前371-287年）

把紙張貿易一併帶進。

在阿拉伯人終於被驅逐回北非的那一年，哥倫布出發前往美洲，卻發現墨西哥的阿茲特克人（Aztecs）和托爾鐵克人（Toltecs）早已利用樹皮製紙（直到2000年，墨西哥的普埃布拉州仍有人製做樹皮紙）。濕紙漿混合物裡的關鍵原料就是纖維素。細胞壁即含有纖維素，它是一種堅硬的物質，能同時提供植物強韌度與柔軟度。蔡倫可能就是觀察胡蜂如何將咀嚼過的植物纖維素吐出，製成燈籠狀的紙蜂巢，而受到啟發的。法國科學家瑞尼‧瑞歐莫（René de Réaumur）注意到胡蜂窩（ *le guêpier* ）的機制。西元1719年，他想到如果能像胡蜂一樣找到將破布磨碎的方法，那麼破布就能取代木頭。終於，1843年薩克森‧凱勒（Saxon Keller）發明出製造碎木料漿的方法，十二年後，梅利‧瓦特（Mellier Watt）則為他的化學紙漿取得專利。

1960年代，一些重量級作家傾注心力地敲打著他們的打字機，將故事打印在大量的稿紙之上。他們睿智的文字接著以鉛字排出，固鎖在一頁大的框架內。鉛字模上施以油墨，最終在成卷的紙張上印出。約莫五十年的時間，電腦印刷、數位下載一點一滴地改變了整個產業，當前的報章雜誌、你手中的書本，逐漸走向一個不知通往何方的未來。

即便如此，在某些國家中，電子郵件的出現反而造成紙張使用量增加40%。美國人平均每人一年可印製出數量相當於9棵成年松樹的紙製品。印尼擁有世界第二豐富的生物多樣性，但當地森林約有75%的面積遭到砍伐，主要用途便是製紙。這個問題也許有兩種解決方式：其一，就是改善紙張循環利用的情況；其二，則是利用當地物質，製成在地生產的紙類。把回收的紙類與不含木材成分的物質攪拌混合後，製造出耐用的紙類生活用品，減少世界森林面臨的壓力。幾乎任何一種含纖維的植物都能用來製紙，竹子、大麻、甘蔗渣（甘蔗處理過程中剩下的殘餘物）、玉米與稻草，又或者，紙莎草也可以。

紙莎草的莖髓

「紙莎草紙」是由紙莎草這種植物的莖髓製成。長條狀的莖髓並排擺置後，再於其上擺放另一層。將這兩層莖髓一起緊壓，直到它們形成一張薄片，再磨至表面光滑。

思想學派

✦

西元前371-287年間，泰奧布拉托斯居住在希臘島嶼愛拉賽斯。儘管這位希臘哲人著作等身，但只有少數作品存留下來。其中兩部《植物探索》（ *Enquiry into Plants* ）與《植物本源》（ *On the Causes of Plants* ）至今仍然流傳，為他贏得植物學之父的美名。逝於西元前287年的他曾寫道：「正要開始真的活著時，我們死去。」

毛地黃

Digitalis purpurea

原生地：歐洲西部

種　類：二年生紫或白花植物

植株高：高達2公尺

十八世紀時，一位醫師發現毛地黃是種具有醫療效果的重要植物，這項發現為全世界最有價值的心臟疾病藥物多添上一種。好幾世紀以來，這種有毒植物充滿了神祕的醫療特質，也一直是民間傳說的一部分。但是，若有人膽敢在獵殺女巫時期宣稱毛地黃的這項特點，讓自己沾染上巫術嫌疑，那就太不明智了。

✦ 食用

✦ 醫療衛生

✦ 商用

✦ 實用

狐狸的手套

英格蘭伯明罕的一間教堂牆上高掛一段古怪的紀念文，記載當地醫師威爾‧魏勒林的死訊。威爾得年58歲，碑文飾以一塊雕琢成毛地黃花朵的石頭，那時俗稱狐狸手套（*Foxes glofa*）。魏勒林生於1741年，對抗水腫症與肺結核疾病近四十年。他靠著「發明」毛地黃，戰勝了水腫症，但被第二種疾病擊潰，卒於1799年。當然，魏勒林並不是真的發明了毛地黃。他遇見一名被草藥師傅的混合草藥方治好水腫的病人，並找出毛地黃這味藥草，將它納入醫學知識。此舉銜接草藥學與醫學間的鴻溝。十年來，透過分析藥物的臨床試驗，建立了毛地黃醫治水腫症的醫學理論。

過去水腫症或積液（dropsy 或 hydrops，舊稱 edema，指大量體液積存於組織間）如瘟疫般盛行。魏勒林醫生當年被依拉斯默‧達爾文——偉大的查爾斯‧達爾文之祖父，指派到伯明罕總醫院服務。這種疾病會造成身體奇異腫脹，達某種程度時肺會被液體浸潤，某些病患的肺臟會浸溺在自己過多的體液中窒息而死（即所謂肺積水）。醫生試圖以浣腸排出體內大量液體。這種作法有時見效，據傳言指出，牛津公爵被「浣腸二至三次」，接著吃下「拌有雞蛋蛋黃以增稠的加那利葡萄酒和水」，此外「他的飲食……經常搭配許多辣根，並加入大量的大蒜拌煮」，治療之後「老天保佑，獲得了全面性的成功」。但當時其他病患最後多半宣告死亡（譯註，

> 毛地黃帶苦味，既辣且乾，還帶某種潔淨的能力；但它們一無是處，在醫療藥物之中也沒有任何地位。
>
> ——約翰‧傑拉德，《草藥集》

中世紀許多歐洲醫師迷信浣腸可治療大多數疾病）。

女巫之花

在魏勒林的年代之前，沒有正派醫生會認真考慮使用野生毛地黃。藥草專家約翰・傑拉德駁斥這種法文稱做「聖母的手套」（*Gantes nostre dame*）的藥草。即使當地藥草學家能無懼於被控行使巫術，很可能還需要與傑拉德爭論一番。當專業醫師採取全面性治療時，建議病人呼吸新鮮空氣、運動、休息並控制強烈情緒（如愉悅感或焦慮感），鄉村野婦都是依賴口耳傳承的知識來照顧病患。她們熟悉自己的草藥療法，用殺蠕蟲的植物如艾蒿或苦艾，或者在特定的狀況下使用沙拉、濃湯和香草茶（以多種乾燥草藥混合熬煮）。直到十五世紀，她們還只能透過道聽塗說的方式更新知識，原因在於拉丁文是醫學的主要語言，但是性別的阻礙，讓她們只能停留在目不識丁的狀態，無法將藥草知識以拉丁文交流傳承。只有當醫學文本經過翻譯、盜印，流入一般大眾手上，這些鄉村草藥師才能學習新知。比方說，她們已知煎煮的歐洲野防風（wild parsnip）有助於促進腸子蠕動與利尿，從湯瑪士・希爾的《園丁的迷宮》（*Gardeners Labrinth*，1577）中發掘更多：「歐洲防風草的根部能有效治療性病、促進排尿、減輕預產期的腹部絞痛，並有助於治療憂鬱症、改善血液品質、利尿、修復傷口縫合處，以及治療被分泌毒液野獸所咬的傷口，另外也可以改善胃潰瘍病患的進食狀況。歐洲防風草根真是妙用無窮。」

即使藥草專家傑拉德直言表示毛地黃一無是處，草藥師傅們依然十分明白這位「毛地黃醫師」具有無限潛能、力量強大，它能奪去病患性命，一如藥到病除般有效。雖然少劑量的毛地黃能夠明顯改善病情，但若疾病屬於腎臟功能受損，那麼在身體無法代謝排出藥物的情況下，則會逐漸累積達到致命的劑量。毛德・葛蕾芙1931年出版的《現代草藥》（*Modern Herbal*）中寫到，毛地黃有益於治療心臟及腎臟病症，同樣對內出血、發炎、震顫性譫妄、癲癇、重度瘋狂等有療效。她還加上對園藝家也頗實用的建議：毛地黃似乎能幫助四周植物不受蟲害侵擾，增加馬鈴薯和蕃茄的產量，還可延長瓶中花卉的壽命。

威爾・魏勒林
英國植物學家威爾・魏勒林的雕版畫。以瑞典藝術家卡爾・佛瑞德理克・馮・布雷達為魏勒林所繪的肖畫當摹本，畫中描繪魏勒林第一次向英格蘭什羅普郡一位藥草專家討教毛地黃的使用方法。

花手套
✦

「狐狸手套」一名出自何處呢？狐（fox）很可能是在地族群（folk）一詞的誤用，原來指的是某社區間的用藥知識。別稱包括小狐狸手套、女巫之鈴、狐狸的格魯（挪威語中的一種串鈴式樂器）、鬆尾巴，德文則稱為頂針。根據杰弗理・葛里格森1973年出版的《英語植物名詞辭典》中指出，由於毛地黃通常長在狐狸洞穴附近，因此將它與狐狸的手套聯想在一起，是再自然不過的事了。

薯蕷
Dioscorea spp.

原生地：東南亞、太平洋群
島、非洲以及南美洲

種　類：熱帶多年生攀藤植物

重　量：差異很大，如南非龜
甲龍
（*D. elephantipes*）
可達318公斤

◆ 食用
◆ 醫療衛生
◆ 商用
◆ 實用

大約六百種的薯蕷生長在太平洋島嶼、非洲、亞洲和美洲等地，它可供食用的塊根，一直是世上許多地方的主要食物。然而種植薯蕷做為食物越來越普及，特別是非洲國家，使得本土食用作物的種植與使用受到明顯排擠而減少。不僅如此，某些薯蕷物種含有劇毒，毒性強烈到可淬毒於箭矢上。或許連同非洲傳統食用作物——山藥（*Dioscorea sativa*），都該警覺它可能對健康造成的負面影響。

混合的祝福

自古以來，熱帶與亞熱帶濕地氣候區中，有超過一億以上的人口以薯蕷為主食。儘管薯蕷不含蛋白質，略含澱粉且淡而無味，卻有豐富的碳水化合物、多種礦物質與維他命。但它們也具有毒成分薯蕷鹼（dioscorine），經過水煮、烘焙、烤或炸的方式處理後，這種有毒物質會受熱而破壞。在西非，薯蕷經削皮、水煮再槌擊成充滿養分的食品，稱為福福（*foo foo*）；在菲律賓，它們則被製成糖果和果凍。在幾內亞，被拿來製成卡拉啤酒（kala）。如果糧食短缺的話，甚至一些有毒品種，如白薯莨（*D. hispida*）和岩柿（*D.dumertorum*）也會被拿來應急充饑（在薯蕷毒性降到可食用的程度之前，至少要放置一星期，可憐的母雞通常就成了試吃員）。有些薯蕷根可以製成殺蟲劑，在馬來西亞，漁夫薯（*D. piscatorum*）被拿來當毒魚餌，也塗在箭上。此植物的命名來自於擁有的藥效特性，以紀念於西元一世紀出版的《本草藥理》（*De Materia Medica*）作者迪奧斯克理德斯（Dioscorides）。現在薯蕷可用來製造植物性類固醇皂貳元（sapogenins），而不同物種的薯蕷也可製造避孕藥、皮質類固醇，並用來治療氣喘與關節炎。

非洲如此廣域的地方，單是薯蕷一種作物無法改變地區飲食歷史。不過若加上進口的精緻食品，以及高蛋白食物（如玉米與大豆）的普及化，情勢便有所不同。這也顯示了目前非洲的困境：糧食貧窮。「發展中國家」與「已開發國家」的差異，在於前者處於饑餓狀態（這種

與薯蕷屬（*Dioscorea*）相似之芋屬（*Colocasia*）的芋頭。

矛盾有時亦呈現於西方國家人民的肥胖與過度飲食造成的疾病）。部分原因在於已開發國家利用發展中國家的廉價勞工、理想的氣候環境，以及便宜的農作土地，做為蔬菜、花卉的生產。然而這些輸往美洲、歐洲及亞洲的作物，耗竭了當地地力，造成污染，也使得本來的供水量削減。種植外來作物耗費人力與土地，驅使許多家庭放棄栽種與食用本土糧食，例如用途廣泛的豇豆、瓠瓜與馬拉巴爾菠菜（木耳葉、亦稱錫蘭或印度菠菜）。儘管這些食物總被戲稱為「貧困婦女的工作，可憐男人的食物」，但它們能供應富含微量營養素的三餐，不但擁有較佳的口感，也有更高的營養價值。

重量級番薯

左圖的南非龜甲龍（*Dioscorea elephantipes*）是一種薯蕷，拜這種自莖部突出的厚重板狀構造之賜，得到「象腳」這個俗名。

　　全球約有七千種可食用植物，但許多非洲家庭最多只依賴其中二種維生，如某種穀物（如小米），搭配塊根類蔬菜（像是薯蕷）。然而這些植物都該標上適當的健康警告。根據聯合國兒童基金會（UNICEF）報告，2007年瑞士公民平均壽命為80歲，在這個數字持續上升的同時，奈及利亞人民平均壽命卻降到47歲，遠比半世紀前少了許多。當然，也須考慮政治動盪不安、內戰所引發的傳染病大流行等因素，以解釋當前人民健康問題。不過傳統農作物種籽與料理知識的散失，造成人民無法種植、加工傳統作物，更無助於改善人民的健康。反之，富含碳水化合物、低蛋白質的新式飲食一直被認為會引起關節炎和糖尿病等疾病，同時也使得當地人民免疫力下降，無法對抗可能造成災難性疾病的寄生蟲，如梨形鞭毛蟲（*Giardia lamblia*）。

古早以前，人類至少以三千種植物做為食物來源；然而現代只有將近二十種植物供給全世界人類食用。

——湯尼‧溫奇《食物栽培：食物生產指南》
（*Growing food：A Guide to Food Production*，2006）

好多名字

✦

在印度，它被喚做阿洛（*aloo*），源自梵語的 *âlu*，代表任何一種可食用、具有營養成分的植物根部。不過後來倒是歐洲字彙「yam」暢行世界。為什麼呢？故事中一群在西班牙的美洲奴隸，被看見正挖掘塊莖當晚餐，當問到他們在吃什麼時，他們回答 *nyami*，即幾內亞語的「吃」，從而被誤解。西班牙語中轉變成 *Ñame*；葡萄牙語則是 *inhame*；到了法文再度變成 *igname*。一步步跨語言的訛傳後誕生出英文的 yam，指任何一種「原住民」挖掘食用的植物根部。這些混亂的用法到美洲之後，也被用來稱呼毫無關聯的紅薯（學名*Ipomoea batatas*，俗稱地瓜）。

小豆蔻
Elettaria cardamomum

原生地：印度

種　類：多年生、形似甘蔗，生有茅狀葉子

植株高：60公分

✦ 食用
✦ 醫療衛生
✦ 商用
✦ 實用

印度料理中，小豆蔻可稱關鍵角色。雖然近年來常常只在廚房香料匣中聊具一格，但它依然是種最富有香氣及異國情調的香料植物，曾一度被認定是香料之后，以區別於香料之王黑胡椒。

有助思考的食物

在加爾各答維多利亞教區主教的讚美詩中，指出天堂樂園只會毀滅於文明之手。這篇詩中切實地譴責那些崇拜偶像的原住民：「浪擲慷慨的仁慈；灑棄上帝的恩典；盲目的異教徒；跪拜木與石」，不過，這位良善的主教相當喜愛一種風味絕佳、來自異教的印度錫蘭香料小豆蔻。在印度醃黃瓜、咖哩和甜點

中，小豆蔻是尋常可見的添加物，而在芬蘭麵包捲、中東咖啡客所飲用的咖啡（據信小豆蔻可去除咖啡毒性），與希臘及羅馬人製做的香水中都可以發現它的蹤跡。它難登歷史殿堂，卻被冊封為香料之后。此種說法起於它的原生國家印度。在這裡的喀拉拉邦境內，西高止山上的季風雨林中，有著一片以豆蔻聞名的豆蔻山丘。這裡小豆蔻遍野生長，對南印度的經濟影響舉足輕重。小豆蔻或「真」豆蔻的印度名稱都是 *chotta elaichi*（綠豆蔻之意。同屬較大型的草果則稱為 *bara elaichi*，即黑豆蔻）。

採收小豆蔻的果實時，需要非常地謹慎與細心。小豆蔻和薑同科，種植期間單一植株可以從種籽長成，或是從母株分出。到了第二或第三年，便會產生內含種籽的小蒴果。小豆蔻的種籽在蒴果內待得越

香料天堂
✦

又稱做馬拉巴爾豆蔻的小豆蔻（*Elettaria cardamomum*，以產於印度馬拉巴爾地區聞名），被認為是凌駕於眾豆蔻種類之上的品種。血緣相近的品種還有非洲豆蔻（*Afromomum melegueta*，別名天堂椒），生長於非洲西海岸，種籽呈現紅到橘色，口味強烈辛辣。十三世紀時它們橫跨非洲大路輸入歐洲，常被用來增強啤酒的口味，或添加在葡萄酒中調出辛烈口感。

雖則辛香微風
輕吹過錫蘭之島；
雖則每幅風景怡人，
卻只有人類令人嫌棄厭惡。
—— 加爾各答主教雷金納德‧希伯，〈來自格陵蘭的冰
山〉（*Greenland's Icy Mountains*，1819）

天然藥品
小豆蔻的豆夾普遍使用於南亞，被用來治療許多病痛，包括呼吸道感染及消化不良。

久，香料成分就能更持久，因此在種籽成熟前，小心地切除種籽外殼然後慢慢乾燥，就可以保存住香氣。收成中最好的部分就送到宮廷：將小豆蔻當做禮物呈獻給賓客是項傳統習俗，而這份饋贈就盛在小巧、手工製作的銀桶或金桶中，以雙手捧獻給貴客。客人則以拇指和食指拈取一小撮，表示接受這份禮品。當吸食尼古丁的習慣（譯註，泛指使用煙草的習慣）進入了印度之後，銀匠會為他們的地方行政官預備翠綠的豆蔻，並以玫瑰水浸過的綠葉覆蓋，最後用煙草裝飾邊緣。印度古阿育吠陀醫療傳統中，小豆蔻則是主要藥材之一，用以治療支氣管疾病與消化不良，尤其是對乳製品過敏所引起的消化問題。當小豆蔻傳到地中海地區時，希臘人與羅馬人都使用這種香料讓口氣香甜，也用於香水和性生活上（謠傳小豆蔻具有催情特質）。

小豆蔻第一次出現在中醫的紀錄可追溯到一千三百年前。西元1000年時，這款香料由阿拉伯商人自中國橫越大陸輸送到歐洲。稍後在十六世紀，它則改經海路運送。1524年葡萄牙旅人杜阿爾特‧巴爾伯薩，也是探險家斐迪南‧麥哲倫（Fardinand Magellen）的妻舅，在他那艘第一個環遊世界的維多利亞號上便記錄了小豆蔻這種植物。歐洲人喜愛小豆蔻舒緩沉靜的特質，再加上少許桉樹葉（eucalyptus）之後，小豆蔻便成為專治消化不良的特效藥方，對專治消化問題的藥劑師，或家有腹痛小兒的母親來說，可是個值得依靠的良方。

直到十九世紀，英國人才開始種植小豆蔻，為其海外咖啡種植區內的第二大農作物。小豆蔻唯一生產的地區在印度和錫蘭。在了解小豆蔻的植物特質後，讓西方科學家對它的分類歸屬困擾不已。好一段時間小豆蔻的拉丁語是 *Matonia*，由倫敦林奈學會創始人詹姆士‧史密斯公爵依威廉‧莫頓博士（Dr. William Maton）之名命名。他是一位熱心研究小豆蔻的專家。但到了1811年，小豆蔻被重新歸類，命名為 *Elettaria cardamomum*。

小豆蔻果實
小豆蔻黃綠色的果實長可至2.5公分，內有黑色種籽。

古柯
Erythroxylum coca

原生地：安地斯山脈

種　類：蔭邊灌木

植株高：人工種植可達1.8公尺

◆ 食用
◆ 醫療衛生
◆ 商用
◆ 實用

數千年來，南美洲的人們服用古柯（*Erythroxylum coca*）葉時，絲毫不見不良作用，直到它被用來對付印第安人前，都沒有造成過什麼嚴重問題。然而，當人類學習到如何從古柯的葉子中萃取古柯鹼時，對紳士名流、全球頂尖的心理學家，甚至全球規模最大的飲料公司來說，一切都變得不再相同了。

飄飄欲仙的真相

古柯灌木生長在南美洲安地斯山脈，兩千年來，人們以藝術家般細膩精巧的手法，小心翼翼地摘取下翠綠色的葉片。因為與鄰近的其他樹種不同的是，古柯的葉子可是世上最具價值的現金作物之一。西方世界中，絕大多數產自古柯葉的產品都是違法的，但古柯葉也維持著生長地區內人們的穩定生計及經濟收入。

對咀嚼古柯葉片的人來說，它會產生不尋常的作用。咀嚼十分鐘之後，他們感到通體舒暢、活力充沛，身心都再次充滿完成任何一件事的力量。咀嚼葉片的人會滿溢著幸福感，一切束縛彷彿消失不見。

差不多此時人們就中了一種歡愉欣喜的毒。這種毒性並非幻覺，因為古柯富含某些生物鹼，特別是所謂的古柯鹼。當人體攝入時（見「選擇性上癮」），會促使腦內多巴胺濃度升高。十六世紀時，西班牙征服者首先記錄下這種影響：當時他們遇到一批印第安人正在以古柯葉進行宗教儀式（譯註，古印加人在祭祀山嶽、太陽、大地時，會口嚼古柯葉成團後，吐出來獻祭神祇），而西班牙人便輕易地俘虜了他們。威尼斯心理醫師西蒙・佛洛伊德則更進一步地記載了它的效用，在目睹一位醫師的同事，於憂鬱症發作時服下過量古柯葉死亡後，他自己便不敢再服用古柯鹼了。奴隸主人會讓工人食用古柯葉，以降低人工成本、增加生產

選擇性上癮
◆

像古柯鹼和海洛因這類的毒品會釋放腦內多巴胺，並能產生行為上的衝動。多巴胺也可藉由飲食與性行為釋放，製造短暫的愉悅感。在吸食毒品如古柯鹼的過程中，同樣也會產生多巴胺，不過癮君子體內的多巴胺會令他體驗到強烈的渴望，猛烈到願意冒任何風險再體驗一次。不過，這項「多巴胺上癮論」還未能解釋為何在某些人上癮的同時，有一小部分人卻不會成癮。

古柯顏色
乾燥之後，古柯植株的葉子正面是暗綠色，而底面則是深灰色。

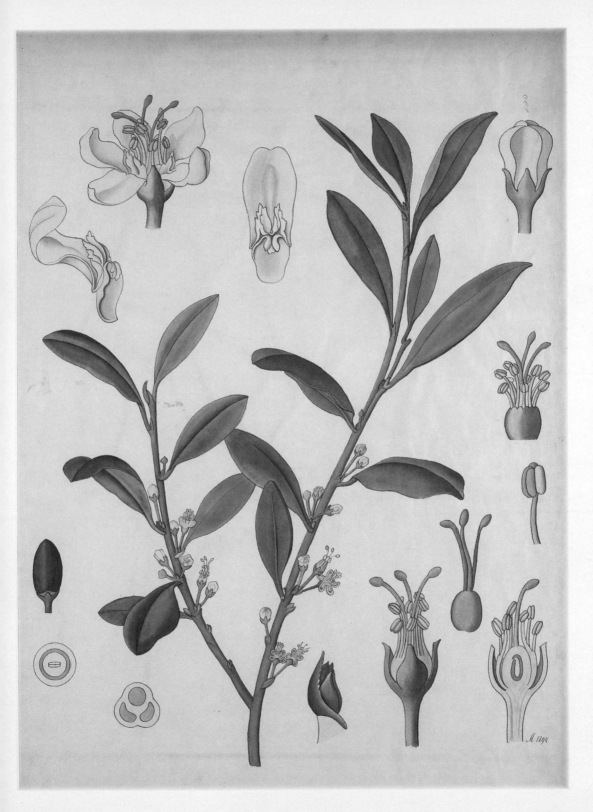

信使

管理帝國的不二法門就是能有效通訊。印加帝國透過它的信使系統（Chasquis，印第安語），即傳遞急件的信差，負責在地方間迅速有效地傳遞緊急訊息以完成統治工作。印加信使極度依靠古柯葉，以致於安地斯地區間的距離不是以公里計算，而是以古柯達斯（cocadas）計算，也就是完成一趟旅行需要多少古柯葉。古柯葉讓人能背負相當於自己體重的重物，靠著一碗多的燕麥早餐在陡峭的安地斯山區，走上超過32公里的距離。

效率，而二次世界大戰中體態圓潤肥胖的德國空軍指揮官赫爾曼・戈林，則是想靠古柯葉減肥，但不幸失敗。可口可樂最初的配方也添加了這玩意兒；同時，1990年代初期一份針對紐約謀殺案受害者的研究報告發現，其中30%的遇害者體內都有古柯鹼的殘跡。

到底這奇怪葉子的特別之處為何？對印加人來說，古柯葉是他們那個時代的靈丹妙藥。印加帝國以科斯科為中心，是建立在海拔3,600公尺以上的城市。在這裡咀嚼古柯葉的效果和使用氧氣瓶的情況十分相似。印第安信使（chasquis，請見左欄「信使」）習於隨身攜帶珍貴野生駱馬毛製成的囊袋（或印加語稱為樹袋[churpa]），裡頭存裝古柯葉，才能在難以呼吸的高海拔工作。不過古柯葉的主要用途，還是宗教儀式或醫療用途（古柯是相當強的麻醉劑）。直到西班牙人入侵，以及隨後傳教士的到來，這一切才突然中止。十六世紀時，天主教會在安地斯山區可控制的居民地區中，都派遣一位懷抱熱情宗教信念的教區教士，負責去除群眾服用古柯的邪惡習俗。但是他們的傳教任務卻因為另一群西班牙人與白人奴隸販子挫敗。十七世紀期間，拉丁美洲是唯一新開發的重要銀礦產區，西班牙人冷酷無情地剝削當地印第安人，讓他們在像是玻利維亞的波托西銀礦區工作。那裡的工作條件艱苦惡劣到連十九世紀的廢奴主義者（部分人認為應遣派兒童清掃污黑積垢的煙囪，這對窮人來說是可以接受的職業）都感差愧。男性、女性與兒童，都在礦坑裡工作，部分是因為西班牙人供給古柯葉。這些印第安勞動階層的人們，除了信使之外，過去極少使用古柯葉，如今卻受制於它。到了1620年，估計百萬礦工有一半以上死於礦場，但產量反而有所提升。少數年份產量甚至可增加50%。

印加信差
信使縱橫南美洲西北方，為他們的印加統治者攜帶訊息。他們背上的囊袋通常存放著旅途所需的古柯葉。

上癮

十九世紀時，美國南方各州的奴隸主人也把古柯葉加到勞工們明顯不足的三餐之中，則完全不令人感到意外。同時，古柯葉進一步入侵日常生活，尤其在貨真價實的醫生和江湖郎中之間。無論當時或是現今，古柯葉都被實際應用在醫藥治療上。曾經有兩位科學家研究將古柯葉導向使用於眼科、牙科以及其他手術的麻醉

應用：1855年，德國人斐德烈克・蓋德克首先自古柯葉中分離出活性生物鹼，三年後亞伯特・尼曼則發表他針對所謂「古柯鹼」物質，所進行的改良萃取過程。不久之後，便在服用古柯鹼的人身上發現了驚人的影響。

到了二十世紀，古柯鹼（不同的名稱與俗稱包括可卡、吸一口、鼻糖、雪球、颶風、棒棒糖等）儼然成為無數放縱快意而奢華的「可卡因癮君子」的休閒藥品。其中一位最富盛名的就是年輕的維也納精神病學家佛洛伊德。當時佛洛伊德在巴伐利亞軍隊（士兵在執行日常任務時，會服用該種藥物，使自己消耗較少糧食）進行古柯鹼實驗，自此便經常服用，時間長達三年。據說，他會為某些病患開立古柯鹼處方，直到一位同事的死亡事件後，才使他放棄。他的實驗很可能促進了好幾種藥物的生產，其中最活躍的就是古柯鹼了。

1960年代，至少一家以上的咳嗽藥製造商注意到一件反常的事，夏季的銷售量竟然比容易感冒的冬季來得更多。原來是那些添加合法含量鴉片的產品，被青年人們帶到夏日搖滾嘉年華會，當成尋求新穎瘋狂放縱的方式。1990年代，某些所謂「醫生的特效藥」（這種處方藥品多半用來醫治黏膜炎，儘管有些標示為春藥）從藥房貨架上被一掃而空，這種與感冒藥相似的濫用風潮開始受到關注。這些特效藥是會讓人興奮陶醉的東西，其中含有奎寧（請見金雞納樹，42頁）及古柯鹼混合物。當時亞特蘭大藥劑師約翰・潘柏頓，企圖複製維・馬里亞尼（Vin Mariani）這款極度受歡迎的飲料，其中便含有醃泡古柯葉的醬汁。這款由柯希康・安杰洛・馬里亞尼所發明的酒，便是將古柯葉浸泡在優質紅酒中達六個月之久，質地與口感都廣受好評，還激勵了潘柏頓自創「法式葡萄酒可樂」（French Wine Cola）。當亞特蘭大市開始禁酒後，潘柏頓以非酒精性替代物對應這項禁令，他以數種包括古柯

天然止痛劑
玻利維亞的古柯種植區，所生產的古柯葉不只供應古柯鹼工廠，也被用來製成一般常喝的茶，像是馬黛茶（mate de coca）便是廣泛流行於南美洲的一種混合青草茶飲。

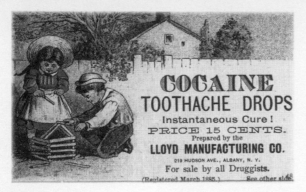

舒療藥劑
古柯葉的止痛特性，讓它普遍應用在內服止痛藥上，比方說這種治療牙痛的藥品。

葉粹取物在內的原料，加上從可樂核果粹取出的咖啡因調製而成（請見下頁「來杯可樂吧！」）。

他的可口可樂配方（不是古柯可樂）比行銷策略更加成功，這份配方之後轉手給另一名商人艾薩‧坎德勒，包括接管這款飲料和商品名稱，後來成立了全球最大的飲料公司，同時也是世界最有名的品牌之一。賣掉公司之後，坎德勒成為富翁並於1929年過世。這種不含酒精的飲料，一開始是地方性的日常消耗品，如今已有超過二百個國家販售這種飲料，雖然它不再添加最初幫助上市的麻藥成分，但確實內含了一種更令人無法抗拒的因子：糖（請見甘蔗，166頁）。

戰時快感

任何從植物提煉出來的濃縮藥物，無可避免地都會產生一些問題：看看煙草、海洛因和酒精就明白了。二十世紀初期，當街頭價格下跌時，越來越多人用鼻子吸食古柯鹼。政府當局頗具爭議性地想把古柯鹼與海洛因兩者聯繫起來。雖然二者都是某種鴉片類藥物，但證據指出古柯鹼令人上癮的比率弱於海洛因（請見罌粟，148頁）。第二次世界大戰時，慣用者們開始仔細斟酌是否繼續吸食古柯鹼。尤其在柏林，這可是件大事。戰前的柏林，吸食古柯鹼和上夜總會找樂子是形影不離的，但戰爭期間的納粹政權迎面痛擊這種腐化墮落行為。像戈林這類吸食古柯鹼的高層官員，才有可能完美掩飾他們的醜惡行徑。另外，安非他命這類新穎的興奮藥物在戰爭時期恣意廣佈流傳，也有利於抑止古柯鹼市場。

當第二次世界大戰進入尾聲時，安非他命的供應、社會變遷，以及最重要的長程航空服務的出現，都讓走私變得更加方便，因而再度刺激了古柯鹼市場。犯罪企業聯盟在不久後開始系統性、組織化地生產與供貨。當年美國和墨西哥間的邊境地帶，對於這種情勢演變顯得特別無力防範。那時，傳統吸食方式是以吸管或捲好的一元美金紙幣，將一排粉末狀的毒品吸入鼻內。後來當小面額歐元紙幣或十英

我們必須試著更加了解那些造成人們，尤其是青年，使用與毒品相關危險藥物的迷惘、幻象、與沮喪。
——美國總統理查‧尼克森針對藥物濫用的演說（1917）

鑄紙幣開始流通，也常拿來當做吸食工具，此時還能當煙抽、晶瑩剔透的古柯鹼結晶顆粒就出現了。特別是對於那些身上剛好剩下一塊美金（或歐元）閒錢的人來說，這玩意兒瞬間擴張了潛在消費市場。「快克」開啟了古柯鹼史上全新而充滿罪惡成分的章節。「快克」，或說搖滾古柯鹼（指古柯鹼結晶顆粒在煙管中燃燒的聲音）既便宜又容易取得。價廉易得的特性，開始為它獲取眾人質疑的眼光，在美洲成為第二普及的毒品，僅次於大麻。

毒品濫用的解決方式似乎再簡單不過：一方面避免家庭藥品誤用，再銷毀其海外非法來源。然而，就像南美印第安人為西班牙人對銀礦的貪婪而付出代價時，他們又再度因富裕國家的錯誤致災。純度高的古柯鹼論公克出售，街頭價格波動迅速。1985年時，亨利・霍布豪斯在其著作《變革的種籽》（*Seeds of Change*）中估算1公頃的古柯灌木可以生產約15公斤的純古柯鹼，市值25萬美元。但是任何一位奉行一年三穫傳統收穫循環的祕魯人，靠著辛苦勞動所換來的報酬，往往只能換來這個數目的細碎零頭。不過至少，種植古柯提供了生計，而且咀嚼古柯葉還能使他們在飲食匱乏的情況下繼續勞動。二十一世紀初期，美國對哥倫比亞援助方案中，一部分提到在哥倫比亞鄉下的普圖馬約地區中，「違禁的」古柯及罌粟作物被噴灑嘉磷塞（glyphosate，一種廣效接觸型除草劑）以及顆粒狀除草劑。在除草劑（根據一份聲明，陳述這種除草劑比調味食用鹽可能造成的傷害更小）開始噴灑時，反對聲浪居高不下。有人宣稱對珍貴的熱帶雨林施用除草劑是不負責任的行為，一如越戰期間以橙劑（化學落葉劑，美國軍方為斷絕敵人農作物和掩蔽樹林，對人體具高度致癌與致突變毒性）噴灑亞洲雨林。還有人表示這等同於「轟掉泰姬瑪哈陵」，因為它潛在危險足以對雨林造成巨大破壞。

更令人憂心的是，據言「煙燻」森林不僅完全破壞合法作物，也蹂躪了亞馬遜本身豐富的生物多樣性。研究人員之後宣布空中噴灑藥劑的行動並沒產生任何負面影響，但是永無止盡的問題似乎仍與古柯灌木小小的葉片牽連不斷。

來杯可樂吧！

◆

幾世紀以來，西非各地都咀嚼著非洲可樂果仁（the African Kola nut），也使用在奈及利亞約魯巴的宗教儀典上。儘管它是非洲原生種（尤其是非洲可樂果 [*Cola acuminate*] 和南美、牙買加的可樂果 [*C. nitida*]），但目前於熱帶地區以商業化種植的區塊已遍及全球。可樂果含有2%的咖啡因和某些生物鹼，包括可可鹼、具心臟刺激能力的柯拉果苷（kolanin）。在非酒精飲料中，可樂一度具備與茶和咖啡競爭的潛力。

尤加利樹

Eucalyptus spp.

原生地：主要分布澳大利亞

類　型：自低矮灌木至高大
樹木皆有

植株高：10-60公尺

◆ 食用
◆ 醫療衛生
◆ 商用
◆ 實用

十九世紀鐵軌製造商和園藝工作人員偏愛澳大利亞國樹尤加利樹。當尤加利樹在鐵道旁茂盛成長時，它能生產廉價木材燃料供應蒸汽火車動力。而做為一棵花園造景用樹，它也是絕佳的談天題材，尤其是在美國加州，人們甚至謠傳這種樹可以治療沼澤熱，難怪它能成為世界上種植區域最廣闊的闊葉樹種。但一個世紀之後，為何抗議人士卻在相隔遙遠的泰國與西班牙砍伐種植區裡的尤加利樹？

膠樹之上

當澳洲第一批殖民者抵達目的地時，那裡有超過七百種原生膠脂類樹木，或稱桉屬植物，生長在這個世上最小的大陸海岸。一世紀或更久以來，這些新居民為了他們的綿羊和牲口，卯足全力、盡其所能地伐木焚林，卻反而傷害了腳底下彌足珍貴的牧草地。不過在詹姆斯·庫克船長的奮進號上的植物採集員約瑟夫·班克斯認為，尤加利樹代表了喜悅。西元1770年5月1日，當時庫克正著手繪製澳大利亞東岸地圖，班克斯則與瑞典籍植物學家丹尼爾·索隆德（曾於烏普薩拉大學師從林奈）於後來被庫克稱為「植物灣」的區域登陸。

班克斯上了岸，讚賞地注視著高大優雅的樹木，它們擁有一身奇妙的深溝銀色裂紋，長矛狀葉片隨微風輕聲絮語。不過，這種植物的名稱並非由林奈命名，而是由法國苗圃工作者查爾斯·路易斯·布魯戴爾（1746-1800）將之命名為斜葉尤加利樹（*Eucalyptus oblique*），字意是「良好的庇護」，指尤加利樹保護其花朵的方式。

班克斯與埃希蒂爾看到這種樹時喜不自勝。

**划呀划呀划過湛藍水面，在膠樹獨木舟裏，
彷彿羽毛般的我們順水漂浮蕩漾。**
——澳洲傳統民間歌謠

它是植物中的異數，比任何之前碰過的樹木長得更快、更高。搓揉葉子時會發散出一種奇怪的草藥味。不過短短兩世紀之後，那些來自澳洲，一開始還算稀少的植物已經擴及至全世界熱帶雨林種植區面積的40％，涵蓋超過4,200萬公頃的土地。但是這個發展可能並不會令兩人感到驚訝，畢竟當時他們相信自己找到世上最美妙神奇的樹木。

綠色黃金

尤加利樹是世上最高大的闊葉樹種，而南維多利亞和塔斯馬尼亞的杏仁桉（學名 *E. regnans*）則是全世界最高的樹。這些巨無霸（有些測量尺寸高於140公尺）已所剩無幾，就像許多十九世紀期間遭砍伐的樹木一樣。「軟木皮橡樹、樅樹、紅檜，還有其他高價值的樹種，在政府指示下，種植在被消滅的林地空間中，這些被消滅的樹木多數缺乏商業價值，或不適於應用在建築用途上。」1890年代《卡塞爾家庭雜誌》（*Cassel's Family magazine*）中的「採集家」專欄這樣解說。但在尤加利樹證明自己特別有用時，這種拙劣的想法立刻遭受質疑。

　　尤加利樹皮中的樹脂能產生奇諾鞣酸（Kino-tannic Acids），適用於漱口水和潤喉糖漿；葉片製造的油，還能應用在抗菌劑、藥用軟膏、利尿劑以及消毒劑上，製造出的揮發油與精油也會加入維他命補充劑，幫助身體有效吸收維生素C，或加在香水中，提供帶些刺激性的檸檬香氣。它的花朵是蜂類絕不錯過的重點採集區（尤加利樹蜜舉世聞名），薄荷香煙也一直都用尤加利油調味。當發現如何萃取尤加利樹的纖維質後（將木材切砍成片，置入化學物質中熬煮，乳化成黏漿狀物質，以釋出木質纖維），它的應用範圍就更廣泛了，從內褲到防火材料的制服，從衛生紙到

火樹

◆

澳洲野生世界的小可愛，無尾熊依賴著尤加利樹，每晚靜靜地消耗掉一公斤的尤加利樹葉。無尾熊一直都以這種不穩定的食物來源維生（尤加利樹常淪為野火下的犧牲品），但多虧了以不同種籽維生的數種收穫蟻（Harvest ants），尤加利樹才能在大火之後再度生長。大火延燒期間，螞蟻會將尤加利樹落下的種籽搬運至地底下貯藏，之後這些種籽會在新鮮、灰狀土壤裡發芽。其他種類的尤加利樹，如小桉樹，則靠特殊的地下根系統躲過一劫，它的地下根能在大火之後發芽，另行生長。

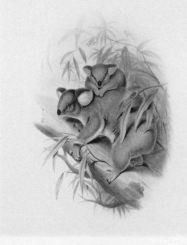

紙板，應有盡有，甚至也能製成報紙，就如巴西新聞《巴西聖保羅報》（*O Estado do Sao Paulo*）1956年5月27日發行的版本，即完全使用尤加利樹纖維印製。

尤加利樹王子

植物學家佛迪南德・馮・穆勒爵士認為，最有價值的尤加利樹是藍桉（*E. globulus*），也是塔斯馬尼亞島的代表植物。馮・穆勒1884年出版的《澳大利亞尤加利樹圖誌》（*Description Atlas of the Eucalypts of Australia － Eucalyptographia*）中，宣稱它的好處和油脂的品質無可匹敵。在澳大利亞首任總督亞瑟・菲利浦，分給約瑟夫・班克斯一瓶尤加利樹精油的半世紀後，馮・穆勒才開始積極推廣尤加利樹帶來的潛在好處。馮・穆勒（因研究尤加利樹榮獲符騰堡國王賜予男爵爵位，得以在家族姓氏前冠上貴族代稱「馮」，英國國王也冊封其騎士）可說是最支持這些樹的擁護者了。正是馮・穆勒力勸英國人喬瑟夫・波西斯特為自己的獨門萃取方式申請專利，波西斯特才能繼續將樹油行銷到全歐洲及美國，並成為家喻戶曉的品牌。

馮・穆勒將種籽送向全世界，如法國、印度、南非、拉丁美洲，還有美國聯邦植物學家威廉・桑德士。不過，1869年當他把種籽當成禮物送給墨爾本鞏德大主教時，卻發生了驚人的結果。居然，尤加利樹還能「治療」瘧疾。鞏德大主教將種籽交給一群在羅馬三權隱修院與瘧疾（或沼澤熱）纏鬥的法國特普拉僧侶（羅馬熙篤隱修會的一支）。一次又一次地，僧侶們不斷試圖栽種能對抗瘧疾的尤加利樹，忙著清理雜木遍生的土地，抽乾沼澤、建造苗圃。當他們終於成功，種出尤加利樹時，污穢惡臭的熱病也終於被消滅了。但後世人們認為，由於沼澤面積的減少這種疾病才有效地被擊退（特普拉僧侶們轉而販賣尤加利樹口味的酒阿爾三泉 [Eucalittino]）。另一方面，關於澳大利亞藍桉樹的優點，也有好幾種不同的說法流傳。尤

蘇丹王的樹

◆

蒂普蘇丹是卡納塔克土邦邁索爾的統治者，也是位園藝愛好者。西元1790年，當他聽說尤加利樹的不可思議，便訂購了一些種籽，並命人種於班加羅爾附近、南帝山上的宮廷花園周圍。在尤加利樹成熟前，蘇丹便於1799年一次對抗英軍的戰役中喪生。英國人對馬德拉斯的內埃拉吉里山以及烏塔卡蒙德山區林站的人工種植山藍桉進行實驗後，決定繼續種植該樹種。不僅為了它具有可裝飾的價值，更是要補償印度雨林（印度當地稱為 *sholas*）縮減所造成的燃料木材供應短缺。

加利樹木材能蓋房子、做成推車，還能用來搭建橋樑。據說還能讓感染壞疽與性病的瀕死病患減輕痛苦，並潔淨受污染的空氣。

當一個比一個更言之確鑿的說法出現，投資者自信能一夕致富，籌劃著種植數以千計的尤加利樹，導致澳洲藍桉改變美國境內部分樹林景觀。在南美洲，尤其是巴西，這些膠樹也安心地茁壯。這一切要感謝愛德蒙多・德・安德烈沿著鐵道兩側所種植的大片尤加利樹林場，安德烈於1941年辭世。即使到了二十世紀中葉，巴西境內還有超過五百五十多萬公頃的土地，正在重新栽植森林，半數以上的樹種也依舊是尤加利樹。在印度也發生相同的事（請見左頁「蘇丹王的樹」），許多與巴西海拔高度相同的印度地區廣泛種植著尤加利樹，危及當地原生樹種。對於它猶如大軍壓境的生長趨勢，引發當地逐漸升高的不安。反對者表示，相較於原生森林，種植尤加利樹地區的貧瘠無法提供野生動物良好的棲息地，還可能造成土壤侵蝕。此外，它們驚人的水分需求，也被扣上耗竭地方供水的罪名。生物多樣性的消失，以及廣布種植區的非法逃稅行為，逐漸損害在地傳統以物易物的經濟型態，人們將不滿轉成實際行動。到了1990年代，甚至偏遠如曼谷、印度和西班牙的農人，都扯碎膠樹幼苗，抗議種植單一樹種育林的做法。

尤加利樹對原始景觀造成的衝擊，正如同它影響木材業成長歷史一樣劇烈。儘管它的發展似乎已經走到了終點，但此樹種也許能在未來有所作為。如海地移除境內林地植被後，就成了世界最窮困的國家之一；衣索匹亞失去境內超過95%的原始森林，經濟一直以來蒙受巨大損害；而泰國近二十年來，境內半數樹林遭受砍伐，當地社會也開始強烈關切環境問題。也許，尤加利樹能協助面臨這些問題的國家，快速重新造林。

天然油畫
彩虹尤加利樹（*Eucalyptus deglupta*）的樹皮終年像補綴似的流瀉而下。顯露出下方翠綠色年輕的樹皮後，它的顏色會隨時間從各種藍色、橘色到暗褐紫紅色逐漸變化。

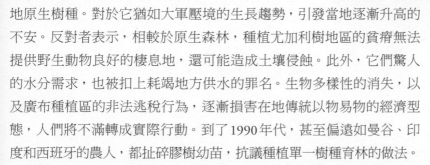

蕨類

Phylum: Filicinophyta

原生地： 盤古大陸（譯註，指約兩億年前，五大洲分裂前組成的古大陸）

類　型： 蕨類植物

植株高： 可達9公尺

◆ 食用
◆ 醫療衛生
◆ **商用**
◆ 實用

　　身為世間現存最古老的植物之一。當它們死亡後，遺骸將進一步轉變成當代工業革命的能量來源，也將美國從不毛之地搖身成為超級強國。現今，它們也正在世上最大的國家——中國，施展同樣的轉變。這樣的能量來源，也是當前世界面臨堪稱最大災難，即氣候變遷（全球暖化）的首要原因之一。

超級植物

　　人類的祖先可回溯至大約四百萬年前，那時才剛從靈長類動物分支演化出來。如果這稱得上是段漫長的時光，那麼看看陸生與附生（長在岩石或樹上）蕨類的演化時程吧。蕨類植物出現在三億三千五百萬前。隨後歷經寒武紀、奧陶紀、志留紀、泥盆紀與石炭紀長達六千萬年之久的歲月。在恐龍出現或大陸漂移開始之前，我們的陸地由一塊超級大陸，即盤古大陸（希臘文意指「所有的土地」）組成，赤道貫穿了現在的格陵蘭島、紐芬蘭島以及北英格蘭。盤古大陸十分平坦、多沼澤，因此當南半球的冰川融化與結凍時，便容易發生嚴重水患。此時期的尾聲，體型巨大的生物主宰一切，沼澤被四處探尋泥漿的兩棲生物占據，牠們費力地拖著4.6公尺長的軀體通過沼澤淤泥，腹部的紋路與腳印在二億九千萬年後被人們發現。蜻蜓展開寬約4.6公尺的翅膀，滑翔在巨樹頂上。樹下爬繞而行的則是1.8公尺的馬陸。巨型大樹如麟木（*Lepidodendron*）、封印木（*Sigillaria*）與木麻黃（*Equisetum*，木賊屬）的祖先，直立高度可以超過18公尺。儘管

這些植物動輒超過9公尺，它們醒目的特徵還是能讓現代人一眼認出這就是蕨類。

它們的羽狀葉和植物體都依靠太陽光照生長，貯存太陽能直到倒下變成堆肥或被吃掉為止。它們被埋在泥濘的沼澤沉積物裡，越積越多。一開始化為泥煤的海棉層，經過千萬年壓縮在富含碳元素的地層內，累積成充滿黑色能量的物體：煤。

我們人類習慣於採集、利用植物表面上的東西，因此很晚才發現可以利用蕨類和其他植物儲存在地底下的能源。雖然早在青銅器時代，威爾斯民族就知道以煤燃燒火葬用的柴堆，不過，一直到羅馬時期才出現稍具組織的採礦行為。

當羅馬人建立起國家時，他們已懂得如何使用煤炭。他們將煤與其它燃料，運用在熱水澡與炕式供暖系統。羅馬滅亡後一直到中世紀英格蘭東北方的達勒姆郡修道院開始進行煤礦交易的期間，幾乎有十一個世紀的時間人們不再使用煤炭。到了西元十八世紀，「黑金」貿易成為熱門行業。

西元1724年，在丹尼爾‧狄福出版的《英倫島之旅》（*A tour thro'the whole island of Great Britain*）第一冊書中，他驚訝地記載於紐卡索所見的情形「龐然巨堆，坑裡該有多少煤，才堆得出這麼一座座煤山。」當煤礦工業在英國、德國、波蘭與比利時大規模開展時，鄉村裡的移民都被編配到礦坑裡工作（十七至十八世紀初期的蘇格蘭，當時礦業公司控制家庭是合法的行為）。在這種異於傳統的礦工家庭裡，他們習慣與火災、水災或缺氧等攸關生死的日常風險共存，被視為社會邊緣的人民，一支孤立的種族，靠著自己獨力面對惡劣困頓的工作條件，並以隨之產生的韌性與驕傲結合在一起。到了1767年，芭芭拉‧佛瑞斯在《煤礦：一段人類歷史》（*Coal：A Human History*）一書中提到，英國報刊《紐卡索日報》（Newcatsle Journal）曾停止報導與礦工相關的事件。該報記者說：「我們被要求不要

航髒的燃料

當世界正緩慢地開始關注氣候變遷的現實時，呼籲全面停止使用燃煤發電站的聲音便不曾中止。

地方的反擊

◆

當世界強權開始召開氣候變遷會議，嘗試策劃符合政治、務實的解決方案時，各個國家展開行動，企圖扭轉局勢，「以德國弗萊堡的小鎮為例，他們致力裝設太陽能（利用太陽能光電效應發電）屋頂，總數比整個英國還多。同時，中國也建設相對其他國家更多的低耗能系統，儘管它也擁有更多的燃煤火力發電廠」。

特別關注這些事情」，很明顯地這讓礦業老闆們十分滿意。

全速前進

工業革命時代，蕨類遺骸開始讓人們名利雙收。詹姆士‧瓦特（James Watt）以在1780年代改良蒸氣引擎著稱，喬治‧史蒂芬生（George Stephenson）則建造了第一部蒸氣火車。煤礦也成就了幾位不那麼人盡皆知的人物，譬如倫福伯爵這樣充滿好奇心的人。1753年出生於麻薩諸塞洲沃本英國貴族家庭的班傑明‧湯普森（當時之名字），與一名比他年長將近20歲的富有婦女結褵，四年後《獨立宣言》發表時，他遺棄妻子逃往英國。據消息透露，他一直為英國擔任間諜，也積極參與組編統率地方國民兵。在英國，他因科學研究（透過一些有影響力的政治關係協助）獲封為騎士，在遷移至巴伐利亞前，他甚至受封為伯爵。到了巴伐利亞，他進行軍隊改良，並為窮苦民眾引介救濟院（幾乎可以肯定其在巴伐利亞法院任職期間，仍舊擔任英國間諜）。他在新罕布夏鎮拋棄妻子後，便改名倫福，肩負任務返回倫敦：將世界自冒著黑煙的煙囪中拯救出來。

「冒煙的煙囪所造成的病禍無庸置疑」他寫道，並提出警告：「身體一邊承受冰冷刺骨乾燥的空氣，另一側則被煙囪火燄灼烤⋯⋯ 很難不對健康造成極度損害。」他相信那些惡劣的狀況會產生具毀滅性的影響：「我一點也不懷疑，這個國家每年因為吸入燃燒煙霧喪生的會有數千人。」倫福伯爵隨後發明一種無煙壁爐，在他於1814年過世後，仍在市場上銷售超過一世紀之久。儘管羅斯福總統讚譽他是美國史上最偉大的人物之一，大多時候卻是被遺忘的時代英雄，絕大多數的成就都沒法獲得肯定。

倫敦奇景

維多利亞時期的倫敦生活完全仰賴煤礦。整座城市的冬季籠罩在厚重煙霧堆疊的硫磺色雲層下。查爾斯‧狄更斯在《荒涼山莊》（*Black House*，1852）中提到這是「一種倫敦的特殊景

象」。倫敦，以及其他主要城市如巴黎與紐約，最終都立法防治空氣污染，還給天空一片澄淨，但問題仍未完全解決。1969年，人們為從外太空所拍攝的地球影像驚艷。地球看來格外清新潔淨，色澤湛藍，但這樣的美麗卻蒙上一層隱憂，隨著年歲流逝，問題越形危急，令人擔憂。燃燒化石燃料與釋放甲烷氣體，兩者的交互效應讓平流層的臭氧層受到破壞。臭氧層能阻擋有害的紫外線，保護地球。到了2000年時，人類一年所消耗掉的石化燃料，需要蕨類化石和樹木花費兩百萬年的時間來累積。環境學者赫伯特・吉拉爾戴將這種現象描述為「消費主義放縱無節制的行為，正在摧毀這個星球。」在一世紀裡忙著悍衛自家燃煤以確保暖氣供應不止的人們，現在一齊發聲抗議人類對蕨類化石燃料的破壞，並要求全球跨國合作，終止人類正加速進行的開採與剝削行為：我們應該轉向利用自然本身的循環再生性，讓現在的生產能投入未來世代繼續利用（請見右欄「七個世代」），而不是無止盡地從自然中取走煤礦、燃燒資源，再將殘餘的部分如廢棄物般扔在一旁。

七個世代

✦

根據聯合國的布倫特蘭報告（1987）所謂的永續發展就是「符合當前需求的同時，不危及未來世代滿足自己需求的能力」。但未來世代是哪個世代呢？我們孩子的世代？還是我們孩子的孩子？赫伯特・吉拉爾戴在考據人類文明史後提出相關數據，認為人類應該預先規劃七個世代之後可能面臨的生存問題。

煤礦是可移動的氣候。它將熱帶地區的熱氣傳送到拉布拉多（位於加拿大）與北極圈；它本身就是一種交通傳輸方式，可以到達任何地方。瓦特和史蒂芬生在人類耳邊輕訴它們的秘密，只要14公克的煤就能將兩噸重的物體拉行1公里，而煤礦以鐵路、船隻載運煤礦，讓加拿大如印度的加爾各答一樣溫暖，並以它帶來的舒適與溫暖帶動工業。

──拉爾夫・沃爾多・愛默生，《生活的準則》（*The Conduct of Life*，1860）

黃豆
Glycine max

原生地：亞洲西南部，但最早於希臘耕種

類　型：一年生油籽灌木

植株高：可達2公尺

◆ 食用
◆ 醫療衛生
◆ 商用
◆ 實用

從古代中國與日本的鄉村蔬菜，到全世界素食者最重要的蛋白質來源，過去三千年來，黃豆一直是人類最重要的糧食作物之一。阿根廷，南美洲第二大的國家，更是得仰賴基因改造黃豆來挽救他們的經濟。對於這種古老的豆類植物，我們要學的還很多！

神聖穀物

古代中國以帶有詩意與正面意義的名稱，如白鶴、鉅寶與畫眉等，形容當地黃豆品種。因為某些豆類引起的消化不順，也讓它得到「風中白精」的稱號，暗指食用過量引起的胃漲氣。無論如何，富含蛋白質與鈣質的黃豆（也稱大豆），最晚在西周時期，大約是西元前770年，就已經於中國、日本地區廣泛種植。做為一個擁有光輝歷史的植物，黃豆的起源可以追溯到三千年前。它與稻米、大麥、小麥、小米等並列東方最神聖的五種農作物，成為乳與肉的營養代用品（請見下頁，「群豆盛宴」）。

這種可以長到2公尺的植物，會結出一大串豆莢，這些豆莢和莖葉一樣，包覆在細密毛層下。結出來的豆子，依品種不同（共有一千多種）有著七彩多變的色彩，從白色、黃色、灰色、棕色、黑色，一直到紅色。

多才多藝的黃豆在華人、日本人、韓國人與馬來西亞人的廚房中，是最重要的蔬菜之一。不管是新鮮的、發芽的、發酵的或是乾燥的，都可以拿來用。它可以分開變成一顆顆的食用，也可連豆莢一起吃，如日式的毛豆小菜一般。將黃豆搗碎，再加入不含碳酸鈣的軟水煮，就可以得到純素的「乳品」。也可以將豆子烘烤去皮、磨成粉狀，當成烘焙麵食或製作冰淇淋用的添加物。發芽的黃豆一度被上流社會視為貧苦勞動階級的食物，但更多人認為它是健康且飽含各種維生素的上好沙拉材料。

稱為鉅寶或畫眉的黃豆品種，早期被用來當成榨油用豆，提供機械潤滑，直到開發出更有工業價值的榨油用豆

種。黃豆油在各個方面都很實用，不管是調配顏料、化妝品還是用在雕塑。佛教徒將黃豆及加工而成的乳製品代替肉類，已有千年的歷史。同時，日本人把蒸過的黃豆混合烤過的小麥，經過發酵、過濾等加工過程後做成醬油使用；製成不含牛羊乳的起士——豆腐，以及亞洲版的麥吉維（Vegemite，譯註，一種澳洲營養食品，由酵母提煉而成，口味強烈特殊）——味噌。

驅魔豆仔
這副日本十八世紀的繪畫，描繪扔豆子以趕走邪靈的舉動。這也是日本一年一度的傳統撒豆節。

都是傳教士的錯

當荷蘭傳教士在十七世紀抵達日本時，深深地被黃豆做成的醬油吸引，將日文的醬油名稱*shoyu*，誤會成這種豆子的名字。所以當傳教士們將黃豆樣本送回祖國時，黃豆就稱被為shoyu或soya，自此該名稱便在西方世界流傳。同時讓西方世界領悟到，若能善加利用任何一種食用植物，它們都可搖身一變成為更有用處的東西、發揮更大的價值（譯註，指發酵加工成新產品）。不過因為黃豆不太能抵禦寒霜，未能在北歐的土地發揮太大的影響，但在美洲卻成功地發展起來。黃豆含有約20％的油脂，以及40％的蛋白質。1920年代，大量黃豆流入市場，所有可以想像得到的加工食品裡面都有，從麵包、漢堡、狗食到嬰兒食品，都有它們的影子。更重要的是，它們將家禽、家畜變成產肉機器。進入工業時代後的人類社會，越來越難滿足現有的肉類供應，因此倚賴黃豆做為主要飼料而有的集約式肉牛與肉雞出現。

　　到了1950年代，農業科學家開始破解許多植物基因序列。每個植物細胞都帶有自己的基因，決定這個植物要如何成長。一旦控制了這些基因，科學家就可以改變植物的基因組成，讓植物具備原先沒有的特性，這就是所謂的基因改造（Gene modification，GM）。基因改造植物在1980年代開始培育，基因科

我可以在豆子身上學到什麼？抑或它向我學到什麼？我呵護它們、照料它們、不分早晚地看顧著它們，這就是我每天的工作。
——亨利·大衛·梭羅《瓦爾登湖》（*Walden*，1854）

學家們認為它們可以解決世界性的饑荒問題。反對者則譴責基因改造將產生「科學怪人式」食品，認為這種基因改造手段已經是一種「瘋狂失控的農業化學」。無論如何，自1994年第一種商業化基因改造蕃茄上市以來，2005年已有基因改造的玉米、棉花、油菜、南瓜、木瓜與黃豆等，於21個國家栽種，不過絕大多數集中在美國、巴西、加拿大與阿根廷。

基因改造豆

1982年，阿根廷重申馬維納斯群島主權並派兵登島占領，因此一躍登上國際新聞頭條。這場災難性的戰爭，奪去阿根廷649條人命。然而，對當時的阿根廷來說，這還不是最大的麻煩。阿根廷南部的巴塔哥尼亞地區北緣是一塊涼爽、適合放牧綿羊的廣大草原地帶，奎丘印第安人稱為彭巴草原（*Pampas*，意即廣瀚無邊的平原）。這裡有許多世上最肥沃的農耕土地，因此進入十九世紀後，為了供應全球對穀物與牛肉的日益饑渴，原本的天然草原逐漸轉為農場與牧場，失去原貌。大量的勞力人口湧入，火車順著興建的鐵路深入大草原，許多巨大的冷藏、冷凍設備運來儲存等待輸出的肉品。1850年代的阿根廷，人口不過剛超過百萬，到了1914年已爆增至八百萬。第一次世界大戰後的經濟大蕭條，導致了全球肉品需求萎縮，使得原本掌權的軍政府領袖們被迫下台，於1946年，讓位給「人民的總統」胡安·多明哥·裴隆（Juan Domingo Perón），也就是艾娃·裴隆（Eva Perón）的丈夫，她就是大名鼎鼎的愛薇塔（Evita）女士。但政權轉移無助於挽救國際肉品市場萎縮造成的經濟危機，到了1990年代，阿根廷瀕臨破產，貨幣嚴重貶值。

　　此時的基因改造黃豆，以國家拯救者的姿態出現，成為強勢現金作物。1997年，彭

環境衝擊
南美洲快速成長的黃豆農場引起環境科學家們的關心，主要因為這些農場對亞馬遜流域雨林的影響。

巴草原幾乎有一半（1,100萬公頃）都在
種植基因改造黃豆。種植黃豆所帶來的
明顯好處隨即而來，農牧開墾造成的土
壤侵蝕得到舒緩。黃豆的根系可以鑽入
土中，形成自然翻土，並幫助土地回復
肥沃。不過黃豆產量的上升（到了2002
年，短短5年間的產量增加75％）也造
成其他問題，如小型農牧場被大型黃豆
農場淘汰，使得的農村失業率攀升。再
者，針對農藥毒性進行基因改造的黃豆

作物，將抗藥基因傳播給雜草，讓原有的雜草農藥失去效力，並反過
來與黃豆爭地。農民不得不尋找其他農藥。另一方面，阿根廷的鄰國
巴西也是黃豆生產大國，使用的非基因改造黃豆品種高於一般黃豆的
產量。一向抗拒基因改造黃豆的巴西農民，自2002年後逐漸被迫放棄
這個堅持（於兩國邊界種植的基因改造黃豆，被發現可能已將基因散布
給巴西當地的黃豆）。全球對於黃豆的需求越來越大，環境科學家們不
禁開始擔心，若依此勢持續擴張，黃豆將進一步深入雨林與巴西內的
自然保留區。

　　基因改造黃豆盛行的當下，也有些人把目光移回
東方，來到黃豆最早的發源地之一，日本。終生奉獻
給農地的日本小型農家經營者福岡正信（Masanobu
Fujuoka），也是一名土壤科學家，花了半輩子的時間
在實驗室中培養真菌。農地經驗讓他確信，想要照顧
地球，農民必須學會善待土壤，唯一可行的途徑是讓
土地透過休耕期自我恢復。這意味著不堆肥、不施化
學肥料、不除雜草、不灑農藥也不翻土，完全不用任
何化學物。福岡回到四國的小型家庭農場時，開始實
行他的理論。他相信嚴格執行此方法後，能讓黃豆重
新回到古老的地位，名列世上五大重要作物之一。

饑渴
◆

全球性的食物危機正悄悄逼進。
亞洲的經濟成長，肉類消費隨之
攀高，正如進入工業時代的歐
洲與美洲。但1公斤家畜肉類出
產，需要7公斤穀類飼料；1公斤
家禽肉類，則需要3公斤穀類飼
料。然而種植作物的土地已明顯
地不足。面對此危機，有兩種截
然不同的解決方案，一部分人傾
向廣泛種植黃豆之類的基因改造
作物，一部分人則是希望邁向小
農場、確保生物多樣性的生產路
線，如福岡正信。

高地棉花

Gossypium hirsutum

原生地：中國、印度、巴基斯坦、非洲與北美洲

類　型：一年生短莖植物

植株高：1.1-1.7公尺

◆ 食用
◆ 醫療衛生
◆ 商用
◆ 實用

想要弄清楚棉花如何改變人類歷史，你得把一件藍色洋裝拆開——檢視，從染料、棉線、纖維、種籽到棉花球果。而「棉花王」這個稱謂，是造成美國南北戰爭爆發的第一個導火線，也代表棉花對奴隸貿易的重要影響（譯註，當時美國南方政治家們以棉花王一詞來強調棉花產業的重要，因此提供勞動的奴隸制是必要的），更是觸發工業革命的關鍵媒介。

從口香糖到炸藥

與主要對手如羊毛與亞麻比起，棉花顯得更優雅、帥氣、時髦，直到人工合成材料尼龍的出現。不過，棉花必須仰賴大量勞力，也比其他作物多了剝削、悲慘等形容詞。家居風格設計師也許會爭論該用直條還是斜紋布面、什麼時期的設計美學，或是為牆面粉刷與貼上壁紙的差異，但他們通常都一致認為：棉花纖維最能代表當代的獨特性。奇異的是，棉花早在紡織機出現的三千年前，就進入了人類文明世界。野生的棉花是種高大的多年生植物，但為了方便機器採收，現代商業化的棉花屬於矮小的一年生短莖物種。棉花這一屬又分39種不同的棉花品種，世界上最常見的商業品種即「高地棉花」（Upland cotton，學名 *Gosssypium hirsutum*），占全球種植品種90%。

棉花是世界上最重要的非糧食作物，應用範圍涵蓋所有布類產品，緞帶、尿布、床單甚至是紙張。種籽則用來製成肥皂、人造奶油與烹飪用油。不能用來紡織的短棉絨，則做成化妝用品、香腸腸衣、炸藥引信與醫療手術用品。還有那些裝在煙火裡面把人行道燻黑的火藥、冰淇淋與口香糖，都有添加從棉花提煉出的植物多醣類纖維素

你得跳下來，轉一圈，打包一捆棉花球；跳下來，轉一圈，打包棉球一整天。

——傳統奴隸歌謠

（cellulose）。不過在棉花工業家們找到這些用途前，它專心一致地扮演最重要的角色——布料。

做好準備

想要利用任何植物生產紡織材料，都須先把植物分解成細長可供編織的纖維，不論是用竹葉編成屋頂，還是用劍麻織成毯子，基本做法都相同。製造蠶絲時（請見白桑樹，130頁），會先自

蠶繭挑出絲頭，接著抽出紡成紗。亞麻，則是曬乾後用漚麻的方式浸水泡軟，讓纖維以外的部分泡爛脫離，但過程中的氣味相當難聞。收集剩下的纖維扭乾、曝曬並在陽光下漂白，最後以濕紡或乾紡織成沉重的亞麻紗。羊毛紡成紗的生產過程就簡單得多，自羊身上剪下的羊毛粗料先經洗選、梳理，再以紡織機紡成羊毛紗。生產棉紗的過程十分雷同，不過就是要花上兩倍的工夫罷了。

　　黃色、奶油色與玫瑰色花朵的棉花，與夢幻般美麗的木槿花、充滿鄉村情調的蜀葵是血緣相近的親屬（錦葵屬植物）。然而，隨著海風翩然穿過鄉村小屋窗櫺波浪起伏的棉質窗簾，很難與粗重、汗流浹背的棉花生產工作聯想在一起。將炎熱田野上的棉花球轉變成印花窗簾布，可是個讓人累斷腰的過程。

　　那些異常潔白、毛絨絨的棉花球，在花朵將要結出果實時形成。採棉工人將這些棉花球摘下來，放到背上的袋子裡。美國藝術家溫斯落·霍莫曾在1876年的畫作〈摘棉工〉（*The Cotton Picker*）畫下這個場景：兩位美麗但煩悶的黑奴，漫步走過一片棉花海，將棉花球一一放入背上的簍子。之後，它們將會被丟進軋棉機（一種釘版工具），將棉絨跟種籽分離。剩下的棉絨則被梳理聚攏，再拉直成纖維狀等著被紡成棉紗。而棉紗就可以用來織布了。

　　當舊世界的歐洲遇上了美洲新世界；當葡萄牙與西班牙海員們掌握大西洋上的貿易風向，將他們

大崩盤

✦

第二次世界大戰爆發後的歐洲，黑市貿易中最昂貴的貨物之一就是婦女穿的蠶絲襪。大戰結束後，每位女人都該擁有的東西，則搖身一變成為嶄新的尼龍襪。短短二十年，人工紡織材料做成的衣物，價格狂跌到只有最初的零頭。這樣紡織衣料大崩盤以前只發生過一次，那就是十九世紀的棉花。

的船隻快速拉向美洲，新舊大陸上的物種交換就已無可避免，並以許多方式改變了人類歷史。但棉花早在這之前，就已經改變了大西洋兩岸的人類文明。秘魯與巴基斯坦皆有野生棉花的足跡，並被馴化成農作物。巴基斯坦栽種的棉花往東散布至中國、日本、韓國，往西則進入歐洲，西元九世紀時來到西班牙。六個世紀之後，西班牙探險家荷南·柯爾蒂斯抵達墨西哥，發現阿茲特克人早已建立農村式棉花工業。在柯爾蒂斯與其手下謀殺猶加敦印第安人前，印第安人才剛為他披上飾以黃金的儀典用棉袍。

惡魔工坊

接下來的兩個世紀中，棉花的價格還是很昂貴。十八世紀，歐洲的貴婦們往往渴望一件自印度遠道而來的中亞風格華麗棉袍，這可是極其奢華的禮品，只有少數人才負擔得起。然而一百年後，原本的農村式棉花產業轉而工業化，使棉製產品產量大增，價格也隨之大幅滑落。當時的英國成為主要的棉製衣物生產國，大量地從印度、蘇利南、蓋亞那等國輸入捆裝棉絨，在產量遽增的棉花紡織工廠中製成衣物，詩人威廉·布萊克則詭稱為「惡魔工坊」。工業化的過程並不總是討人喜歡，特別是當時貪婪又惡名昭彰的企業家們，竊取他人技術專利，

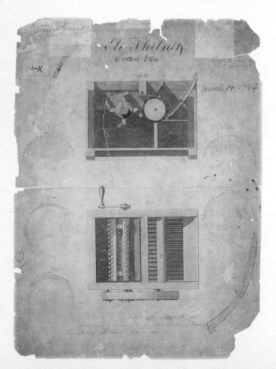

工業領隊

這份軋棉機專利書是美國工程師小伊萊·惠特尼於1794年申請。也確保了他在人類工業革命歷史上的地位。

像是理查·阿克萊特蓋了好幾座工坊，每一座都有令人驚訝的技術突破，這些技術的發明也都有些來路不明。棉花工坊很容易發生火災，常常一點意外的火星就足以釀成大禍。當時，每一座新棉花工坊的落成，都象徵著一批農村棉布工匠又將被迫進入工坊，從自由工作者變成受雇勞工，或是淪落到窮人救濟所。當時英國諾丁漢郡的一個年輕學徒內德·盧德（Ned Ludd），組織起勞工革命運動以對抗棉花工坊與像是艾克萊克的資本家，將易燃燒的工坊做為目標，一把火燒掉。這些人被稱為盧德份子，常常形成工坊發展的阻礙，被形容成卡在機器關鍵部位的木塞，指控工業發展因其受到嚴重損害。

這些抗爭運動無助於改變現實。1760年代，英格蘭人詹姆斯·哈格里夫斯設計一種靈巧的紡

紗裝置，只需要一人操作，能同時紡出好幾捲棉紗（這台機器以他的女兒名字命名為珍妮紡織機，一度成為紡織機代稱）。不到十年的時間，阿克萊特又推出改良版本，以水力推動。又是一個十年不到的時間裡，薩摩爾・克朗普頓再次為紡織機升級，這次甚至可以一次紡出一千支棉紗。同一時間美國的小伊萊・惠特尼則發明了軋棉機，結結實實地省下大批剝除棉籽、取出棉絨的勞動人力。這些發明進一步重擊傳統農村棉花生產，轉而向工業革命的方向前進，於是棉花王累積的財富，最終促成倫敦期貨交易市場成立。

美國的棉花田於維吉尼亞州的詹姆士鎮起步，同時加勒比海的島國如巴哈馬、巴貝多等地也跟著種起棉花。隨著棉花需求量成長，棉花加工業者投資研發更有效率的機器，以分離棉籽剝下棉絨，進一步促使棉花越種越多。1784年，美國第一次運至英國的棉花捆，因為港口管理當局認為是非法輸入，便堆在利物浦港口任其在默西河畔的大雨中腐壞。1861年，美國一年輸入英國的棉花已經高達四百萬捆（譯註，棉花因長途運輸會裝成一大捆，單位為捆，美制一捆棉花約218公斤。各國單位捆重不盡相同，如印度每捆重170公斤）。但是棉花田同時對土壤造成傷害，喬治亞州因為棉花種植過於密集，導致地力耗竭。因此1880年代，棉花種植轉移到西部的路易斯安那、阿肯薩斯、德克薩斯等州，沿著密西西比河北岸發展。這些

棉花之聲

✦

捲線筒跑到尾，捲線筒跑到尾；
拉呀，拉呀，
喀啦，喀啦，喀啦。

喀啦喀啦的節奏，在後工業時期的現代，依然流傳在英國學齡前孩童間，象徵那個逝去的工業時代。大西洋的另一邊，它對二十與二十一世紀的流行音樂有更深刻且廣泛的影響，推動了爵士與藍調音樂的發展，如〈棉鈴象鼻蟲〉（boll weevil）這樣的曲子。

原本屬於印第安人的土地，因無力對抗棉花王強大的政經影響力，最終被強迫徵收，族人則被驅趕搬遷，也成為棉花史上另一筆悲劇。

奴隸貿易的興起與衰落

當棉花成為美國最大的出口產品時，奴隸的數量也一起水漲船高。1885年，美國南方幾乎每兩人就有一人是非裔黑人奴隸。當時在棉花、煙草與蔗糖農場工作的黑奴人數約為320萬，在那個不甚安定的經濟金字塔中扮演底層基石。其上有農場經理與擁有者，再向上則是扮演投資者及股東角色的北美與英國銀行。銀行不斷讓農場貸款購買更多土地與奴隸。當棉花崩盤時，只有位於最上層的銀行得以全身而退。

公眾的情緒在當時新興的媒體事業鼓動之下，找到發聲的管道，1855年，美國南方產出大約9億公斤的棉花，五十年前的棉花產量為4,700萬公斤。相對於工業盛行的美國北方，則較少將原料輸出，反而大多留在本地加工製造。因此，南北之間差異開始出現在生產方式上：一邊是工業化製造產業，一邊是奴隸制農業生產。「棉花就是王道」是南卡羅萊納州的參議員詹姆士・亨利・哈蒙德著眼於美國經濟問題時所說的。如果棉花真的就是王道，那麼無數的奴隸就是它的臣民，死在其腳下。

1861年4月，南方的邦聯士兵反對總統亞伯拉罕・林肯反蓄奴立場，對聯邦軍隊開火，展開美國北方所謂的「解放戰爭」（War of

Rebellion），而南方則叫做「州間戰爭」（War Between the War）。當時南方的七州組成美國邦聯，接著又有四州加入，隨後掀起一場非常血腥、平民化的戰爭。四年後，在北方的聯邦戰勝前夕，林肯總統被同情南方邦聯的演員刺殺身亡。美國自建國以來，便仔細地記錄國家經歷的大小事件（世上沒有多少國家可以這樣清楚記錄自己的過去），而這場美國內戰中，美國的記者團剛好能有系統地記載，戰場上共有60萬人喪生。

雖然早期南方邦聯軍在名將「石牆」傑克森（"Stonewall" Jackson）等的領導下，贏得不少勝利，但北方確有更強大的火力與技術能力。藉著封鎖南方港口，北方阻擋棉花貿易輸出，慢慢地成為最後的勝利者。當南方邦聯的總指揮官羅伯特·李將軍在1865年4月向北方投降時，不過是為國會正式宣布解放奴隸踏出一小步罷了。這是一場悲慘的勝利。之後，棉花生產轉向其他國家，十九世紀時踏上棉花最早發跡的地方──中國與西非（西非後來成為世界第四大棉花出口地區）。美國南方經濟則進入一場災難，被解放的農奴們雖然能自由擁有小片土地，但因過於貧窮而無法好好照顧。雖然，其後農業機械化與化學農藥的使用，拯救失去大量勞力的美國棉花產業，但奴隸制度帶給美國社會的衝擊始終沒有消失。

當一個新手開始熟練摘棉花的工作，就可以送到棉花田裡，他會被有技巧地鞭打著，以最快的速度工作一整天。⋯⋯ 他們不許有片刻的停滯，直到天黑到完全看不見。

── 所羅門·諾薩普，《身為奴隸十二年》（*Twelve Years a Slave*，1853）

棉鈴象鼻蟲

✦

種植棉花的過程比任何一種作物需要更多的化學藥劑照顧。棉花的種植土地面積只占所有現代農作物的3％，但須耗殺蟲劑總數的25％。這些殺蟲劑主要為了對付世上最昂貴的農作物害蟲──棉鈴象鼻蟲。這種甲蟲在1890年代從墨西哥前來，並定居在美國南方。為了防治牠們每年須花費約三億美金，絕大多數用於購買強效殺蟲劑。

向日葵
Helianthus annuus

原生地：美國西南部與中美洲

類　型：一年生植物

植株高：2.4-4.6公尺

◆ 食用
◆ 醫療衛生
◆ 商用
◆ 實用

最早由北美印第安人開始栽種向日葵，輾轉傳入歐洲，於俄國育種改良。日後，它又找到回家的路，當蘇俄大舉進行宗教迫害時，忙著避禍的基督教孟諾派教徒把它們裝進麻袋，帶進美國。當向日葵成為世上最重要的無膽固醇油脂供應時，一名困在法國精神療養院的卑微畫家以它為對象，創作出一系列作品，並影響了往後藝術世界。

史達林的黃金饋禮

一切都要感謝北美的第一民族（the First Nation，加拿大印第安人的正式總稱），是他們首先開始栽種向日葵。兩、三千年以來，這種植物對大西部印第安人而言，是維持族群生命的關鍵季節作物之一。向日葵的種籽可以磨粉食用，包裹種籽的植株頂部則做為蔬菜。以豔麗的身體彩繪、織品以及陶器聞名的赫必族印第安人，則學會從向日葵種籽萃取出藍色、黑色、紫色與紅色的染料，再利用葉子纖維與莖部編成織料與簍子。最早發現向日葵的醫藥特性也是印第安醫師，他們將它做成藥膏治療切割傷，以及蛇與昆蟲咬傷。因此，阿茲特克人會把向日葵當成敬拜對象，一點兒也不奇怪。

西元1510年，美洲向日葵種籽帶進西班牙，並在十六世紀晚期輸入俄羅斯。1682到1725年在位的著名俄國名君彼得大帝，俄羅斯的締造者，於二十五歲時，曾遊歷德國、荷蘭、英格蘭與維也納等地，勤於學習從造船到農耕等各方面知識與技術。向日葵的傳入也被認為是他用簡陋運貨馬車送回莫斯科。俄羅斯的農人，很快就學會把向日葵種籽拿來烘烤、調味，然後塞進嘴裡當磕牙點心，一邊搗碎其它部位榨取植物油。不過，還要再過八十年左

右，俄羅斯人才開始體會到這黃金色的小禮物有多大的商業價值。十八世紀，這種趨光性的植物開始在相對來說產值較高的小麥農場中，占有一席之地。小小的向日葵是如何展露頭角的？1930年代開始，蘇俄領導人約瑟夫·史達林下令集中研究改良向日葵，二十年後，蘇俄培育出直徑超過30公分的花朵，更將產油量提升了50%。雖然二十世紀末被阿根廷人打破此紀錄，但今天的俄羅斯仍與中國及美國共同主宰全球向日葵生產。

深埋的寶藏

向日葵的巨大花朵由兩部分組成，包括外圍成圈的舌狀花（ray floret），以及中心能結果實的管狀花（disc floret）。

　　向日葵的花朵分為兩部分，一是外圍黃色的（有時為紅色）放射狀花瓣，另一部分是內圈質地緊密的黑色碟子狀花瓣，發育得像是針墊，其中裝滿富含不飽和脂肪酸種籽。能開出此類型花朵的植物，在向日葵屬裡有50多種物種，而菊科中還有23,000到32,000種植物有類似特徵。向日葵高大的棍杖型莖部與卵圓型葉子各有用途（從鳥飼料到麵包烘焙材料），被陽光餵飽能量的種籽更能生產大量油脂。向日葵種籽油可以製成人造奶油、沙拉醬、烹飪用油甚至是肥皂與亮光漆。

　　向日葵種籽煉油剩餘的油渣餅與莖葉部分則用來養胖家禽家畜，而富含纖維的部分還可以用來造紙。某個進取的企業家還發現向日葵莖部內髓的浮力大於軟木，因此能當做製成救生圈等的浮力材料。1912年，大西洋上發生的鐵達尼號船難，少數生還者除了感謝難得的幸運外，也該感激向日葵的照顧。

天才與悲劇

就在鐵達尼悲劇的二十四年前，當向日葵的潛在經濟利益正被人類竭盡所能地開發利用，一位終生與憂鬱症對抗的藝術家，也正面對花瓶裡的向日葵奮鬥著。在他寫給弟弟西奧的信中說道「我過得很困難，帶著馬賽人享用馬賽魚湯的熱情拼命作畫，我想你不會意外我正畫著向日葵。」他準備在朋友保羅·高更位於

面向太陽的迷惑

◆

向日葵的義大利名字叫 *girasole*，古代名稱卻是 *tornasole*，類似法文的 *tournesol*。字意來自向日葵對陽光的趨向性，它總是轉著頭讓整個花朵沐浴在陽光下。但是 *girasole* 卻又與另一個同屬的植物互相混淆，那就是洋薑（也稱耶路撒冷洋薊，學名 *Helianthus tuberosus*）。這種植物既非產自中東，也不是洋薊類植物，只因早期北美移民烹飪它們的辛辣根部時，覺得嘗起來像洋薊，因而得名，至於耶路撒冷，則可能是義大利名字發音的訛傳（Jerusalem 與 *girasole* 發音相近）。

現代藝術

梵谷的作品〈花瓶與十五朵向日葵〉（1888），是他〈向日葵〉系列油畫作品之一。

你也許覺得牡丹是簡妮的，蜀葵是奎斯特的，不過向日葵可是屬於我的。

——文森・梵谷，1889年的一封信裡

法國南部亞爾市的一棟黃色屋子裡，掛上一打藍色與黃色的畫布。梵谷以沉重的筆觸作畫，將顏料厚厚地塗在畫布上，讓向日葵的花朵有種看似三維立體的質感，彷彿將從畫布怒放出來。「因為向日葵謝得太快，每個早上，我都得從太陽剛升起開始作畫。」梵谷這樣抱怨著。這段時間的系列創作，日後並列世上最知名的藝術品。素受憂鬱症困擾的梵谷，在過世前不久與老朋友高更爭吵，並拿著剃刀在大街上追趕他。高更不為所動地怒目回瞪，而梵谷在奔跑中失手傷了自己，切掉了半個左耳（也有傳說兩人在扭打的過程中，傷到了梵谷的耳朵）。

梵谷於1853年在荷蘭的大津德爾特地區出生。父親是一位荷蘭歸正教會的牧師，梵谷也因此是位極盡虔誠的北方新教徒。梵谷曾有好一段時間裡希望經營一家藝廊，就像他的叔叔一樣。1869年，他甚至在古比爾畫廊的海牙分店工作過，次年調到倫敦分店，再調至巴黎，但1876年他丟掉飯碗，之後又搞砸了一份在英格蘭的助理教師工作，以及一份在荷蘭南部多雷德赫特的書記職務。直到梵谷與一群巴黎畫家，如亨利・馬諦斯、土魯斯・羅德列克混在一起，才找到人生的光芒，決定獻身於繪畫。1885年，梵谷看到日本刻版畫後，深受日本藝術風格刺激，就像莫內受到日本竹雕影響（請見竹子，18頁），開始改變畫作風格。在給弟弟西奧的信中，他說自己拋棄了那些「棕色調……瀝青色與灰黑色」。三年後，梵谷搬到了法國南部的亞爾，給弟弟的信中提到「關於這次搬到南部住的事，如果覺得住在這裡要昂貴得多，那麼請想一下我們所喜愛的日本畫吧，每一位印象派畫家都感受到它的影響力，為什麼他們不都搬到日本呢？這麼說吧，有一個相當於日本的好地方，不就是南部嗎？」。搬到充滿陽光的南部，在梵谷人生最後的幾個夏天裡，憂鬱症被遺落在腦後，他盡情地捕捉心愛的向日葵神態。「我正畫著第四幅向日葵。這幅畫的主題是一束十四枝的向

日葵花束，意象單純。」但到了冬季，狀況再次變糟。在最後幾封寫給弟弟的信中提到：「我總覺得自己會成為旅者，前往某個地方。在我事業的盡頭裡，這就像是場錯誤：不只是那些好的藝術作品，就連其他剩下的都只是幻夢一場。」

7月27日，梵谷朝自己胸口開槍後，爬回寄宿的房子，兩天後被發現死在一堆向日葵畫作旁邊。一百多年之後，他的畫作〈花瓶與十五枝向日葵〉在倫敦的蘇富比拍賣公司以破紀錄的四千萬美金賣出。所有現代藝術家的作品與之相比都變得微不足道。

葵花籽醬

✦

超市貨架上總是塞滿各式各樣塗抹調味的植物性奶油醬。這類以植物油提煉成人造植物性奶油的方法，為法國食品化學家希波萊特‧莫吉‧摩瑞斯於1869年發明。他將葵花籽油中的不飽和油脂轉化成珠光脂酸（Margaric acids，一種飽和脂肪酸，以希臘文的珍珠命名），製成類似奶油的產品。接著，其它植物油脂如黃豆油、棕櫚油、油菜籽油、花生油、橄欖油、玉米油與棉花籽油都被一一加工製成天然來源的植物性奶油醬。這些植物奶油醬珍珠般白晰的顏色，常常會加入其它植物原料，如胡蘿蔔、金盞花調色，或混入熱帶美洲生產的胭脂木種籽調味。

商用作物
葵花籽油目前是世上第四大植物油品，僅次於黃豆油（大豆油）、棕櫚油與油菜籽油。阿根廷、俄羅斯、烏克蘭則是三大產量最高的國家。

橡膠樹
Hevea brasiliensis

原生地：南亞

類　型：雨林叢林樹種

植株高：可達42公尺

◆ 食用
◆ 醫療衛生
◆ 商用
◆ 實用

西元1970年代，一個致命疾病慢慢將面貌浮現在世人面前。1981至2003年間，後天免疫不全症，也就是所謂的愛滋病，已經在漠南非洲（撒哈拉沙漠以南的廣大非洲區域）奪去兩千萬人的生命，並讓一千兩百萬名小孩成為孤兒。人類與其奮鬥至2008年，仍有一百四十萬人因此病死亡。在這場與愛滋病的戰爭中，衛生專家們回頭採用馬亞人與阿茲提克人使用的原始材料卡胡秋（Cahuchu，指樹的眼淚）。樹淚製成的產品，也就是保險套，除了保護人們不受疾病攻擊，同時也有避孕之效，所以在開發後的數年之間，廣泛傳布全球。

球戲

雖然古代南美洲人並沒有真的用「樹淚」做成保險套，但這種來自「流淚樹木」的樹汁的確應用廣泛。人們在鞋底塗上黏稠樹汁，保持腳掌乾爽、不受霉菌侵害。馬雅人還大量收集這種乳白色的樹汁，做成堅實的球狀物，發展成一種球類運動，透過頭頂、肩推、肢體碰撞的方式將球拋高穿過大石頭環。沒人知道印第安人什麼時候開始收集樹淚，但至少當西班牙人於十六世紀來到時，印第安人就已經懂得剝下野生流淚樹木的樹皮，以乾葫蘆殼收集流出來的乳狀樹淚。當時印第安人會將黏土捏成實心球體，用樹枝綁住兩端，放入樹淚池子，讓黏土球表面黏滿樹淚，再將球體緩緩加熱直到膠狀樹淚凝固後，把裡面的黏土沖洗掉，留下中空的橡膠球體。

印第安語的卡胡秋，也就是樹淚，則成為某些語言中的植物性乳膠代名詞，如法文的 *caoutchouc* 就是從卡胡秋而來。不過今天通用的

我發現一種很適合抹去紙上黑色鉛筆跡的材料。

——約瑟夫・普利斯特利博士（1733-1804）

英文rubber，卻有不同的來源。博學的約瑟夫・普利斯特利博士首先發現，這種樹膠小球可以輕易抹去紙面上的鉛筆字跡。只要輕輕地一抹（rubbing），鉛筆筆跡能像是施了魔法般消失無蹤。1770年，大量製成小方塊狀的「印度橡膠」，以橡皮擦用途進入市場販賣。不久之後，片狀的橡膠更被製成防水衣物。但這些印度橡膠製成的衣物會在悶熱時變軟，甚至部份會溶解，並產生惱人的臭味。因此當時的公共馬車駕駛與車伕禁止使用這類產品。直到一位蘇格蘭書記員，查爾斯・麥金塔發明了聰明的三明治夾層設計，把一般布料與橡膠加工布料綴縫在一起，成為新的混合防水布料。麥金塔於1843年逝世，這種防水布料以他的名字命名並取得專利（譯註，後來成為頗富名聲的英國防水衣物品牌Mickintosh），此發明讓整個世代的英倫計程車司機，因車內得保持乾爽而充滿感激。

梅瑞曼先生的橡膠衣

雖然橡膠樹無法食用，但它的開發歷史，還是出現不少如麥金塔這樣充滿好奇心與創造力的人物。如法國人查爾斯・德・拉康塔敏，於1775年發表第一篇關於橡膠的科學論文。在那之前，康塔敏與同事們進行秘魯探險之旅。接著他放棄了回國的行程，前往亞馬遜河流域開始他的第一次科學研究旅行。返回法國之前，他學會許多新知識，包括使用金雞納樹皮戰勝瘧疾、以塗毒的箭矢捕魚，還有如何使用橡膠。

　　兩位美國人查爾斯・古德伊（世界知名的固特異輪胎公司就是以他的姓氏命名）與湯瑪士・漢考克碰巧蹦出個點子，將橡膠原料用硫磺、氧化鉛一起加熱，讓會隨著時間腐壞的橡膠原料轉化成更有彈性、更耐久的新材料。這個硫化加工過程後來名為「伏爾坎工法」（Vulcanization），意謂羅馬火神伏爾坎在西西里島的埃特納火山陰影下，於鐵砧上錘打燒鐵成形之意。伏爾坎工法引起了橡膠運用的新一波熱潮，就像一世紀後的塑膠一樣。隨後原料工廠、研究單位、城市小巷工坊等等，競相投入這股浪潮，尋找屬於他們的好運道，逐漸成為一個巨大的工業熔爐。1874年開始發行的《卡塞爾家庭雜誌》曾報導美國梅瑞曼先生的充氣橡膠衣：「給那些航行海上的人們提供生命

橡膠硫化加工，伏爾坎工法
查爾斯・古德伊與湯瑪士・漢考克共同發明此加工法，讓橡膠變得更有彈性也更耐用。

保障……在英國由保羅·波伊頓船長示範。這項產品的主要原料為印度橡膠。」這東西還配備了一隻小型划槳，拖著一袋維生物品，足以供應十天求生所需，以及一把斧頭，「這斧頭也許可以保護一個人免受過度好奇或兇殘的海中惡獸侵害。不管在那裡，我們都不希望船難會發生……但是當最糟的情況發生時，我們會希望能把自己塞進梅瑞曼先生的新裝備中。」不過，橡膠掏金潮並不是因為這種救生裝備的發明，而是二十世紀最便利也飽受責難的發明——汽車。1903年，成千上萬的民眾湧入倫敦水晶宮，第一屆英國國家汽車展的現場，豔羨欣賞著閃亮簇新的汽車，每一台都安裝著純橡膠輪胎。

　　然而，這波狂潮的轉折點也漸漸逼近。巴西農民們開始放棄農場裡的作物，轉而割取野生樹淚。那些生長在河流沿岸，與人們比鄰的橡膠樹日子越來越難過了，不過當地原住民的處境更加不堪。大地主們就像中世紀領主，在自己的莊園上無法無天地恣意搜括土地上的橡膠資源，在國際市場上大撈一筆。當地的原住民因此遭到奴役、驅趕甚至謀殺，婦女被迫賣淫，而男人常被迫害成殘使他們無法生養下一代。當這些南美莊園的恐怖謠言慢慢得到證實，國際市場基於人道，開始轉向其他橡膠生產地區尋求原料。

橡膠殖民全世界

全球大約有兩千種以上的植物可以產出類似橡膠的樹汁。蘇聯曾經視蒲公英膠為良好的替代品，直到他們的科學家開發出更好的合成橡膠索伏普林（Sovpren）。其它像是馬來亞的樹種印度榕（*Ficus elastica*，也稱印度橡膠樹），早在十九世紀初期便被當成代用樹種，但因樹汁採集困難，所以產量很低。

滾動吧！

✦

實心橡膠輪胎最早1867年在公用道路上奔馳。1888年，一位蘇格蘭工程師約翰·登路普取得橡膠腳踏車輪胎專利，自此橡膠與輪胎的歷史便走在一起。橡膠具備種種非常特殊的性質，像是難以置信的強韌，使它能在高海拔地區暢行無阻，在亞極地氣候下依然正常運作。橡膠製的飛機輪胎，可以重新回收製造八次以上。法國輪胎業大亨安德烈·米其林（國際輪胎大廠米其林輪胎的創始人）與他的哥哥愛德華更發明了充氣輪胎，應用在鐵軌運輸上。

當全球需求量快速暴漲時，開採者只是單純地直接砍下樹木收集樹汁。很快地，橡膠的天然產量大幅縮水，眼看供應來源就要斷絕時，人們才開始想辦法拯救橡膠樹，或試著人工栽種橡膠樹。約瑟夫‧胡克爵士，英格蘭皇家植物園（邱園）園長，要求克萊門斯‧馬克漢為他尋找橡膠樹種籽。馬克漢也曾在美洲為胡克弄來金雞納與可可的種籽。不過橡膠樹似乎是個很難合作的旅客，它們常常不是死在半路，就是到了目的地卻拒不發芽生長。英國農藝家亨利‧魏克漢在馬瑙斯這個惡名昭彰的巴西橡膠交易城鎮討生活，在1876年做出了重大突破。魏克漢在一次偷渡行動中成功愚弄了橡膠樹的擁有者，雇了一艘船運出多達七萬顆種籽，不過也許行動可能沒有魏克漢說得那麼艱辛。雖然最後只有約5%的種籽成功發芽，長成三千多株橡膠樹苗，但這是世上第一批非原生地培育的橡膠樹。人類終於讓它在家鄉以外生根了。

　　邱園的樹苗被裝在華德箱（請見鳳梨，14頁）送往位於錫蘭（現今的斯里蘭卡）坎迪附近的帕拉迪尼亞皇家植物園，一共安置了兩千株樹苗；一部分也被送往荷蘭人在印尼爪哇建立的植物園，以及位在新加坡的英國官方植物園，由胡克自邱園帶來的部屬，擅長園藝育種與繁殖技術的亨利‧詹姆斯‧默頓管理。他的繼任者亨利‧尼古拉斯‧

種籽走私
偷渡自巴西的橡膠樹種籽在英格蘭皇家植物園中栽種發芽，培育成樹苗後，運到亞洲建立起亞洲第一塊橡膠樹園。

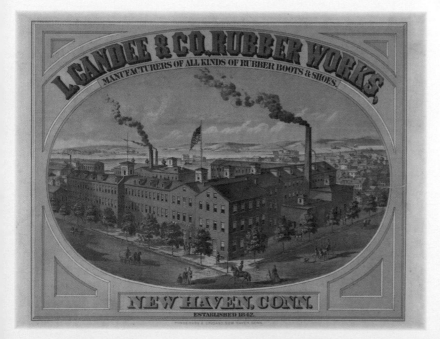

橡膠園
橡膠需求持續成長（1910年，250萬只汽車輪胎在路上奔馳著），天然橡膠產業化也如火如荼地發展起來。

碎橡膠
第二次世界大戰時，許多參戰國有計劃地要求人民收集橡膠，以應戰爭所需。

汽車共乘
戰時推廣交通共乘制度以節省橡膠消耗的海報。同樣的做法，在試圖控制全球暖化的今天再度使用。

里德利則藉由開發新的採膠技術，解決了新栽種的橡膠樹太脆弱的問題，因使用傳統割採法相當容易死亡。同時，帕迪尼亞的亨利·綏茲則將手上培育的樹苗進一步分送鄰近地區。在里德利的技術突破與綏茲的生產推廣下，當地的農民便摩拳擦掌，準備好要大舉栽種橡膠樹了。

當時殖民地上的農民一定很難想像當他巡視咖啡園時，跨下的馬匹將會迅速地被裝備橡膠輪胎的汽車取代。1910年，全世界馬路上大約有250萬只橡膠輪胎滾動著，不過八十年的時間，橡膠大量生產的推波助瀾之下，這個數目狂增到86,000萬。橡膠不只可以用來製造超音速飛機的輪胎，也可以用在煙火工廠的防火花絕緣地板與避孕用途上。橡膠具有高度彈性，連空氣都無法穿透，同時也是導電絕緣體，另外在水中也具有高摩擦性。兩次世界大戰中，橡膠都是極為重要的戰略物資，橡膠供應的缺乏也讓大量的資源投入研究，試圖開發由煤渣或石化原料合成的人工橡膠。第二次世界大戰時，德國開發出布納（Buna）人工合成橡膠，而美國則是對人民喊出口號：「美利堅需要你的橡膠塊」。一張戰時海報描繪一套軍用防毒面具需要500公克的橡膠，一台重型轟炸機則需要超過800公斤橡膠。

進入二十世紀之後，隨著人類對原油不知節制的揮霍，這天然橡膠最主要的替代品——原油提煉合成橡膠，也開始面臨短缺的危機。因此天然橡膠的生產，又開始變得前途無量。

十九世紀初期，馬來亞與錫蘭的咖啡樹正面臨捲土重來的嚴重真菌感染，農園主人們對咖啡農業失去信心（請見咖啡，54頁）。許多人心不甘情不願地試著栽種新農作物。亨利·尼古拉斯·里德利剛開始勸說農民改種新作物時一度毫無回音。直到1896年，一個華裔農園主人陳齊賢在馬來西亞麻六甲市附近的武吉兔登區設立了16公頃園區種植橡膠。在付出原始

森林與在地生物多樣性的代價之下，這些新建立的種植園區開展橡膠產業。陳齊賢帶頭勸服其它農園主人加入種植橡膠的行列，最終使得全球橡膠生產重心，由巴西轉移到東南亞。

　　橡膠歷史中還有樁奇事可說。當巴西農民發現橡膠樹能人工種植後，也試圖建立自己的橡膠園。然而每每都遭到巴西常見的真菌感染，並且這種大規模感染現象不會發生在野外自然環境，就只會出現在人工栽種的橡膠園裡。

福特城

某些富有的企業家總有一種無私的習慣，如基於員工的福祉，建立生活條件良好的社區，以提升員工生活品質，這樣的作為最終也回饋到企業經營效率上。約翰・吉百利（知名巧克力品牌吉百利 [Cadbury] 創辦人）便在英國的伯恩維勒（請見可可，184 頁）打造這樣的社區。愛爾蘭貴格教會信徒約翰・理察遜也在北愛爾蘭的貝斯布魯克地區，為他的亞麻紡工建造理想的住所。提多・索特則在北英格蘭為工人們蓋了一個村莊，同時以自己的名字命名此地，順便滿足小小的虛榮心。

　　福特城的出現，沒能在商業遊戲中打敗英國的競爭對手，反而改善了許多橡膠工人的生活。當時，美國人發現國內四分之三的橡膠仰賴進口，而歐洲人正好就是慕後的主要供應來源，控制著東南亞的橡膠生產以及售價。汽車業鉅頭亨利・福特因此同意在南美洲投資建立新的橡膠園，選中了塔帕洛斯河谷區的波亞・維西塔。福特開墾了一塊超過100萬公頃的林地，更名為「福特城」（Fordlandia），除了一片廣大的橡膠林區，還有一座美式城鎮。最初預計每年供應200萬輛汽車所需的橡膠原料。1928至1945年間，福特公司為福特城投資兩千萬美金，並在河谷下游130公里處建立相似的貝提拉計劃區。福特城居民超過七千人，其中兩千人是公司的員工，提供他們全美式生活方式（甚至包括免費美式餐點以及方塊舞課程）。不過真菌最終打垮了福特的夢想。福特城跟貝提拉區最後都以失敗收場。

垂死橡膠

◆

1988年，一位四十四歲的巴西橡膠工在薩普里的家中被槍殺。這不是一件普通的謀殺案，被害人也不是一個普通人。身為一位橡膠工，奇科・曼德斯卻致力於保護森林不受伐木者與牧場業者侵害。1960年代，因橡膠市場的萎縮，地主們將林地賣給畜牧業者豢養家畜與種植飼料作物。野生林地因此遭砍伐殆盡，以清出空地給牧場使用。曼德斯領導的環保運動，幫助巴西與印度境內建立了至少二十座保護區，卻也導致了自己的死亡。

大麥
Hordeum vulgare

原生地：遍及全球

類　型：穀類植物

植株高：1公尺

◆ 食用
◆ 醫療衛生
◆ 商用
◆ 實用

數千年來大麥一直都是農人的好朋友。身為人類與牲畜們最重要的食用植物之一，大麥是一種具有關鍵地位的穀物。除此之外，約翰・大麥粒爵士（Sir John Barleycorn，譯註，英國中世紀民謠主人翁，各種版本民謠中死去活來無數次，代表大麥多番處理後釀成美酒的過程）。帶頭的推波助瀾之下，大麥同時也是蒸餾烈酒威士忌的基本成分。在這方面大麥則有段多災多難的歷史。

大麥發跡

早期農業是場獨一無二的革命：比起尼爾・阿姆斯壯在月球上跨出的一小步更具戲劇性，也是繼輪子發明後最劃時代的革新。最早的農業學家集中在土耳其往地中海東部的沿岸、美索不達米亞（Mesopotamia，源自希臘文 *mesos*［中間］以及 *potamo*［河流］兩字，指的是處於幼發拉底河與底格里斯河之間的肥沃土地），以及沿伸至伊朗、伊拉克地帶。這是文明真正的搖籃。

沒人能確切知道最初的農人是誰，他們又是如何種植禾穀類作物。無論是什麼促使從遊牧生活轉為收割野生小麥和大麥，並且漸漸在刻意整理好的土地上播種耕地，最終都讓定居的社群得以壯大，村莊開始建立，城鎮繁榮起來。人類史上最早的兩座農業城鎮是土耳其的加泰土丘與傑里科，後者在中東地區，近來陷入孤立無援的領土爭議。這些古代城鎮牢固的外層防禦工事，暗示當時戰火紛飛一如今日。他們是不是因為某項遠勝游牧生活的重大利益——歷經根植、收割、碾磨，為了來年而存儲的穀物——以致於經常面臨圍攻呢？

一及耳的威士忌，或者小小杯的啤酒，
亦或任何更強烈的藥水，從不曾失靈，
再不然就深飲一口，來點發我們的靈感。
—— 羅伯特・伯恩斯，〈聖潔集市〉（*The Holy Fair*，1785）。

大麥穀粒的遺跡，可以追溯至西元前七千年，發現於伊拉克北部的雅莫以及幾乎所有早期農場的考古遺址，因為大麥是種不可或缺的穀物，能同時填飽人類與家畜的肚皮。耕種大麥的技藝自然而然地，就像潮水般漫遍整個歐洲、亞洲，一直到北非。大麥，連同小麥，延長了人類原先平均約四十歲左右的壽命（譯註，因營養水準的改善）。它甚至重塑人類的臉型。人類為了可以咀嚼穀物，演化出牙齒對緣須咬合的構造，進而影響原本的臉型。對希臘人和羅馬人而言，大麥製作的麵包地位凌駕於小麥之上，這也是為什麼拉丁女神希瑞絲（譯註，又名穀物女神）戴著一頂由大麥而非小麥編成的王冠。然而，由於麩質含量低，大麥無法發酵製成大型麵包，最終被小麥所取代。大麥甚至被發現具有藥用價值：一種常見的牙科局部麻醉劑便是採用人工合成的大麥生物鹼。

然而，約翰‧大麥粒爵士對麥芽製造者的重要性至今仍不容置疑。麥芽製作過程包括使穀粒發芽，再乾燥已發芽的幼苗，由此產生的「麥芽」與水混和，再與酵母同釀，謹慎裝桶後便可製得啤酒。同樣地，它也能製出威士忌。「高地人（蘇格蘭人）享受著威士忌，這是與杜松子酒一樣濃烈的麥芽烈酒，他們吞下大量的威士忌卻毫無酩酊模樣」，1771年蘇格蘭小說家托比亞斯‧斯摩萊特在《漢弗萊‧科林克》

最古老的職業

✦

世上第一座建築物不是寺廟就是農舍。在面對食物與保暖的需求與敬神之間，農舍可能較先出現。雖然沒有正式文獻證明農夫是最古老的職業，但他們有強而有力的證據占領第一名的寶座。農民們採割莊稼的景象，五千年來塑造了人類陸地文明的醒目景緻。不過，源自拉丁文 *firma* 的農場，原意是一筆出租土地的固定付款、租金或租契。這個名詞直到西元十七世紀才被普遍使用。

（*Humphry Clinker*）中提到。他補充：「山區必然極度寒冷，這是對抗寒冬絕佳的方法。有人告訴我，讓嬰兒嘗點也極為有效。」僅僅兩百餘年後，蘇格蘭政府經犯罪與衛生問題評估認為，它對社會造成的代價大約是17億美元，即每位成年人都該付1,300美元。大麥出了什麼錯？

五種基本烈酒（白蘭地、蘭姆酒、伏特加、杜松子酒與威士忌）中，威士忌與原產國關係更加密切。蘇格蘭威士忌，簡稱Scotch，自十五世紀以來便使用大麥做成的麥芽、煙霧彌漫的泥煤爐火以及一臺濕淋淋的蒸餾器加工製成。英格蘭北方邊境地區，主要拿它當藥用飲料。英格蘭偏好的烈酒則是杜松子酒，俗稱琴酒，也叫做「母親廢墟」（mother's ruin，譯註：琴酒廣受英格蘭中下階級酗酒者喜愛，造成許多社會與家庭問題，故有此負面綽號）。蒸餾器的工藝由伊斯蘭教徒發展，但此技術並非為了生產該教禁止的酒精飲料，而是為了製造阿拉伯的香水與香精（酒精[alcohol]來自阿拉伯語*kohl*，即婦女用於眼妝的撲粉）。蒸餾酒精的技藝被帶入歐洲，接著帶進蘇格蘭和愛爾蘭，威士忌酒（愛爾蘭文為*uisce beatha*，也就是「生命之水」），在此地迅速地奔流起來。愛爾蘭文的「水」（*Uisce*）變成「威士忌」（whiskey），但蘇格蘭人的釀酒癖好並未取悅征服者英格蘭人。稅務官懷抱自以為是的正義，宣布家用蒸餾器為違法設備須銷毀或禁止營業。畢竟拯救人民靈魂之外，能不能徵收到稅金也是關鍵。

蘇格蘭民族詩人羅伯特‧伯恩斯如此寫道，就跟那些蒸餾酒製造業者一樣，他對稅務員也沒有什麼好感。不過當政經壓力出現時，業者

威士忌抗爭

蘇格蘭威士忌成為蘇格蘭人與倫敦南區英國政府間政治鬥爭的象徵，因國內消費稅而激起的義憤，由詩人羅伯特‧伯恩斯優雅地表達出來。

> **那些該被詛咒的收稅馬蛭，**
> **拿威士忌蒸餾器當成他們的獎賞！**
> **舉起你的手，惡魔！一次、兩次、三次！**
> **在這兒，捉住這些奸細！**
> **把他們塞進硫磺派餅裡烤，**
> **為了可憐倒楣的酒徒。**
> **為了可憐倒楣的酒徒。**
> ——〈蘇格蘭酒〉（*Scotch Drink*，1785）

們就躲進山野裡面避風頭去了。

1830年代，蘇格蘭境內大約有七百次逮捕非法釀造威士忌事件；四十年後卻僅有半打。而一種新的蒸餾法登場，即連續蒸餾器。傳統的「壺型」蒸餾器釀產帶有特

色風味的威士忌；而連續蒸餾器（譯註，又稱塔式蒸餾器）則是自動化的產品。它不僅能自穀物蒸餾出酒精，還可以連續不間斷地生產。連續蒸餾的烈酒能與傳統麥芽威士忌混合，以冒充真正的麥芽威士忌。一間皇家調查委員會於1909年制定真正威士忌的定義；第一條即單一麥芽威士忌是只以發芽大麥製得的威士忌，並經雙重蒸餾，僅由單一蘇格蘭釀酒廠出產原酒裝瓶，未經過多廠調合。任何人不管有沒有執照，都能用幾乎任何穀物釀出高酒精濃度的威士忌（平均酒精含量約40％）。

當英國與愛爾蘭移民開始蒸餾、銷售自家發芽大麥與黑麥製成的威士忌時，美國已開始放棄傳統的深色蘭姆酒，後者釀自奴隸貿易換來的糖蜜（譯註，以美洲為主體的三角貿易；美洲將蘭姆酒與其他貨物銷往西非，再將西非的黑奴輸往西印度群島，最後將西印度群島的糖蜜轉運出售至新英格蘭）。接著，肯塔基州波本郡的蒸餾酒製造業者開始生產純玉米威士忌。他們努力的成果受到突然湧入此州的賓夕法尼亞州居民青睞，這些憤怒的賓州居民可因此逃避家鄉的酒類消費稅。

雖然黑麥威士忌持續製造著，但肯塔基州波本郡所生產以新鮮美國橡木桶儲酒釀造、並煙燻增進風味（蘇格蘭蒸餾酒製造業者偏好使用已存放過其他烈酒的老木桶）的產品卻主導著市場。鄰近的田納西州出產一種酸醪（sour-mash，酸麥芽漿）威士忌，使用第二次釀酒發酵的酵母菌，在倒入酒桶熟成前，會先經「柔化專用」大桶過濾（譯註，又名糖楓木炭過濾法）。諷刺的是，該州法律禁止出售酒精，所以即使可生產含酒精的飲料，卻不能在當地販售。

燕麥和黑麥

✦

燕麥（*Avena sativa*）與黑麥（*Secale cereale*）等穀物比小麥、大麥更晚被人類馴化栽種，但仍在文明歷史中扮演重要的角色。就像大部分被馴化的植物，燕麥和黑麥都曾是野草。除了成為較濕冷地區的重要穀類作物（即使在很短的多雨夏季，這種穀物也能生長成熟），燕麥也餵飽了助長農業革命的大型動物：馬和牛。黑麥是一種較年輕的作物，開始栽種的時間可能不到兩千三百年，但依然是製作麵包的重要來源。

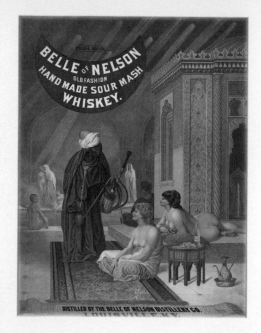

隱憂浮現

肯塔基州路易斯維爾市的百麗尼爾森蒸餾酒廠公司廣告,約在1883年播出。擔心威士忌造成的社會腐敗,是導致美國於1920年開始禁酒的因素之一。

其他同樣支持威士忌大麥釀造原則的國家包括加拿大、愛爾蘭與日本。日本於1923年開設第一間蒸餾酒廠,模仿傳統單一麥芽蘇格蘭威士忌,使用以燃泥煤窯爐乾燥的發芽大麥,賦予大麥獨特的煙燻風味。1900年代,為了利用日益增產的穀物釀造,加拿大的威士忌業者開始在安大略省發展,擁有供應充足的大麥。然而他們在麥芽漿裡還加入了黑麥與玉米。

愛爾蘭威士忌至少與蘇格蘭威士忌一樣古老。根據愛爾蘭人的記載,甚至比蘇格蘭還要早。他們相信蒸餾的技藝出自於愛爾蘭,由傳教士在中世紀黑暗時期傳到其他國家,包括法國。早期農家的蒸餾器不光可以從大麥,還能自任何作物蒸餾出具有地方特色的土產烈酒。這種在地酒飲每一款對非本地人來說都很特別,秋收後被人們充滿敬意地存入酒窖,就像法國農民的鄉村水果白蘭地(*eau de vie*),當成晚餐的開胃酒或是拂曉時的提神酒,每次飲用都有特定節度與次序。傳統的愛爾蘭烈酒用馬鈴薯製成,即 *poteen*(譯註,私釀的愛爾蘭威士忌)。儘管有些是粗製(通常在方便移動的蒸餾器上釀造以躲避稅務官),大部分的愛爾蘭威士忌釀酒者都自許為工藝師傅,對自家產品感到自豪。就如同其他地區的烈酒,包括白蘭地與威士忌,私釀的愛爾蘭威士忌最終也被認為會造成社會危險與腐敗。十九世紀時,與小型獨立的蘇格蘭蒸餾酒廠一樣受到打壓,但最終被禁很可能還是與消滅當地企業及增加國家稅收更有關聯。

禁止這種飲料

更該受到譴責的是給原住民喝廉價烈酒。在加拿大、美國與澳洲,一種美國人戲稱為「火神」的劣質酒,會被賣給原住民。一位十七世紀的神職人員克萊琴·雷克勒神父,在加拿大責備他的會眾「淫蕩、通姦、亂倫」等罪行起因於「交易白蘭地」;白蘭地指法國的劣質烈酒,被北美毛皮販子拿來與印第安人交易,後者文明中沒有蒸餾烈酒存在的歷史。1900年代初期,當加拿大與美國政府雙雙宣布這種買賣違法時,禁酒主義者跟著禁酒運動,將它加入譴責清單。由鄉村與非英國國教原教旨基督教派(譯註,通常指回歸聖經教誨,更加嚴格奉行生活規律

的教派）、有力的婦女遊說團，以及美國醫學界組成的聯盟，聲稱威士忌使他們的孩子墮落、白白浪費可餵養飢餓人口的優質糧食。更糟的是，這些酒還是由無可救藥的德國移民所釀。這群團體終於在1920年迫使國會立法禁酒。

　　歐洲政府打壓小規模蒸餾廠的做法，完全無法比擬席捲美國各地、如同大型社會實驗的禁酒令，但這是個嚴重失敗的實驗。1933年禁令廢除，證明約翰・大麥粒爵士有多強悍，正如這首歌所言：

栗色大碗裡的小小約翰爵士
終於證明他是最強的爵士；
獵人不能打獵，
無法大聲吹響他的號角，
銲鍋匠補不了他的水壺與罐子
因為沒有這位小約翰・大麥粒。

無形的植物

✦

酵母菌（yeasts，衍生自盎格魯撒克遜的 *giest*）是微小的真菌，自有文明以來就是酒精貿易的幕後催化劑。已使用過的糟粕所含的野生酵母，會被特別加進新釀酒液裡協助釀酒。從羅馬時代起，它也被當成化妝品及治療皮膚問題的民俗療法。雖然酵母已被使用超過兩千年之久，但直至1830年代，法國與德國化學家才發現酵母是活的生物體，接觸到糖時會產生酒精。路易・巴斯德在著作《對啤酒的研究》（*Études sur la Bière*，1876）中完整地記載此事。

　　麥芽威士忌的知名擁護者溫斯頓・邱吉爾，曾對他的食品部門下達過嚴格指示：「絕不能減縮威士忌的大麥。威士忌需要多年以熟成，是無價的商品與美元印鈔機。」

　　當邱吉爾與佛蘭克林・羅斯福總統在二戰後期，為同盟國登陸歐洲做準備時，一杯威士忌與片刻的沉思，便曾在歷史戰爭上發揮作用。1944年他們開始最後的協議，討論對被德國占領的法國發動進攻時，這兩位男人之間充滿緊繃情緒，難以達成共識。這是最緊扣人心的時刻，眼看同盟國部隊準備好要橫渡英吉利海峽，只待最後命令。德國有人預測到這場攻擊嗎？是否會出現使登陸艇陷入困境的惡劣天氣？攻擊行動會被延遲嗎？在一兩杯協助思考的威士忌下肚的十一個小時後，兩人還是達成了協議：這將會是場成功的進攻，而之後的，當然，就是歷史了。

蛇麻草
Humulus lupulus

原生地：北歐與中東地區
類　型：多年生爬藤植物
植株高：可達2公尺

◆ 食用
◆ 醫療衛生
◆ 商用
◆ 實用

村莊裡的釀酒人們一向懂得充分利用路邊的植物。繡線菊（*Filipendula ulmaria*）與香楊梅（*Myrica gale*）替麥芽酒增添風味並有助其保存，而薔薇科果樹的果實，據說自羅馬時代起，就被湊合著用來釀成啤酒。至今英國的地方小旅舍招牌上，仍然常以「棋盤花紋」代表之（譯註，此類果樹別名棋盤樹，果實有時稱為棋子）。但當人們更加了解蛇麻草（俗稱的啤酒花）後，麥芽酒隨即搖身變為啤酒，帶來全球暢飲啤酒的熱潮。

醞釀

幾個世紀的時間裡，蛇麻草用於印染、造紙與製繩，也被當作肝臟疾病與消化不良的藥物。如今98％的蛇麻草用來增添及保持啤酒風味。蛇麻草與大麻是近親關係，為爬藤類植物，春季時會自地面猛然拔地而起，一路向上尋找支撐物。蛇麻草為雌雄異株（dioecious，源自希臘文，意思是兩戶人家），擁有性別各異的植物，而只有雌株才會產生具麝香和樹脂的小球花。採收、乾燥後便加入啤酒釀造過程。

野生的蛇麻草會攀上樹籬或覆蓋灌木以接觸陽光，但在蛇麻草園圃中，會被置於富含腐殖質的土墩，使其沿著金屬絲或麻繩生長、攀附到上方金屬絲網架。這些金屬絲會與高大的木樁拴在一起（傳統上取自栗木叢，因栗木中含有濃厚的天然防腐成分），園圃的模樣如巨大的鳥籠。蛇麻草會成長至秋天。雖然現今大多由機器收成，但不久之前都還是由移民勞工與當地居民採摘，當中多數來自貧困的工人階級。採摘者在農場上野營，或住在工棚、帳篷與拖車，在能按件計酬賺取工資的同時，一邊品嘗打工度假與戶外空氣的魔力。

關於蛇麻草：由於其苦味，能使添加的飲料比較不會腐敗而更加耐久。
——賓根的女修道院院長赫德嘉，《神聖自然》（1150）

蛇麻草乾燥

收成之後，蛇麻草必須經過乾燥過程。某些地區，特別是英格蘭東南部，這些乾燥窯採用「烘房」的獨特形狀（譯註，十九世紀起，許多烘房為圓形建築搭配錐型屋頂）。

當人們沿著支架邁開大步，伸手砍斷成熟的藤蔓，下方的夥伴則將蛇麻草拉進巨大的帆布袋。接著放進窯爐（烘房）內乾燥，再裝進麻袋或所謂「蛇麻草囊」送往秋季拍賣會。蛇麻草出售當天，拍賣場與鄰近街頭傳遍令人頭暈的樹脂香氣，這種味道在一壺以傳統釀造、熟成的「真正麥芽酒」裡還是聞得到。正如威廉・科貝特的《農舍經濟》（*Cottage Economy*）中提到「蛇麻草裡有兩樣事：保存啤酒的力量，與賦予啤酒討喜的味道。」

從麥芽酒到啤酒

在釀造啤酒的最後階段加入蛇麻草後，會呈現蛇麻草獨特的風味。不過，有時也會被用在釀酒初期，當中的天然葎草酮（humulones）轉化為異葎草酮（isohumulones）時，便替啤酒殺菌並帶來些許特殊苦味。為了創造出這種化學質變，需要讓蛇麻草在「麥芽汁」（浸泡麥芽所得的液體）裡煮上一個半小時。這古怪工法註記了「啤酒」的歷史起點與「麥芽酒」的盡頭，雖然我們也許永遠無法得知創造此工法的釀酒師是何許人。

麥芽酒（ale）源自盎格魯撒克遜語的ealu，是北歐的日常生活飲料。它由發芽大麥（發芽後再進行乾

麥芽酒和啤酒

◆

二十一世紀，麥芽酒與啤酒被劃為等號。但十二世紀的麥芽酒未添加蛇麻草，而啤酒則以蛇麻草釀造。然而，羅馬人喝的啤酒（*cervesia*），就像西班牙文的啤酒（*cerveza*），可能源自Celtic麥芽酒，如同威爾斯語中的*cwrwf*。

燥）製成，再以香料與藥草，如繡線菊、香楊梅來協助保存與調味，最後經煮沸後任其發酵。麥芽酒算是相對無菌的飲料，比起一般以牛角舀取村莊水井中的水，更能安心飲用（譯註，中世紀歐洲淨水技術普遍不佳，飲用水質低劣，常利用發酵方式進行消毒，以取得無菌飲料）。麥芽酒的最大缺點就是保存期限相當有限。尤其在炎熱的天氣下，麥芽酒會迅速酸敗腐壞。而蛇麻草源自歐洲與中東，能使不穩定的麥芽酒轉變為可儲藏的啤酒。已知它們具防腐特性，埃及人將之加在飲料中發酵，釀出名為 *symthum* 的飲品。然而，無論是埃及人、蘇美人（偉大的麥芽酒釀造者）、希臘人或羅馬人，都沒有想到要將蛇麻草放在麥芽酒裡煮沸整整一個半小時。即使有這個想法，也沒人想到它可讓麥芽酒長時間保存並賦予新生命。

也許最初釀造啤酒的無名英雄，就是身藏中世紀中歐的某個修道院內，身著一襲短祭袍與兜帽的教徒。因為基督教徒無論男女都熱衷釀酒。瑞士一幅西元九世紀繪製的修道院藍圖，雖從未建造起來，但這最早期的藍圖之一證明了該設計的三間廚房中，每間都有獨自附屬的釀酒間。736年，德國慕尼黑北郊的一間本篤會修道院唯森（Weihenstephan）的書面記載裡，蛇麻草首次與啤酒一同出現。三百年後，大約是法國巴黎與英國牛津建起第一批大學的時期，德國賓根（Bingen）的女修道院院長赫德嘉（1098-1179）在她的著作《神聖自然》（*Physica Sacra*, 1150）中，記下啤酒添加蛇麻草的有益特質，並且附註如果手頭沒有蛇麻草可用，釀造者可能會使用白蠟樹葉片協助存藏啤酒。

在赫德嘉的時代，宗教教團讓釀酒師成為一門受人尊敬的行業，一直到二十一世紀，比利時與荷蘭傳奇性的修道院

很烈的玩意兒

十六世紀中葉，英格蘭全國上下都享用著黑啤酒，俗稱司陶特（stout）。但其受歡迎的程度隨著啤酒廠開始生產較淡的麥芽酒而下降。

蛇麻草收成

出身自中世紀的修道院，隨著對蛇麻草啤酒的愛好超越了傳統的麥芽酒，
蛇麻草農業開始發展為大規模工業生產。

啤酒（Trappist beers，譯註：全球僅有六間比利時酒廠
與一間荷蘭酒廠可出產國際修道院協會認證之啤酒並
冠以此名，認證條件為只由修道院內的修道士完成釀
造，所得收益僅限補貼修道士生活）。當時通常只有
修道院的釀酒規模足以販售啤酒。一般家庭的啤酒製
造由家中女主人一手包下。修道士向麥芽製造者（向
農民買入大麥後，進行處理使其發芽且乾燥）購買原
料釀出 *prima*、*secunda* 以及 *tertia melior*（字意為最好
的、次好的與第三好的啤酒）三個等級的啤酒。歐洲
中部大眾化的蛇麻草啤酒漸漸穩定成長，蛇麻草的需
求量也隨之上升，使得中歐，特別是德國，成為蛇麻
草生產的心臟地帶。

暢飲啤酒

中世紀時修道院的聯絡網，就好像某種網路聊天室的

先驅，新聞、知識與流言都透過教友、工作人員在修道院間往返時交換著。因此關於啤酒添加蛇麻草的新消息，很快地便往北至鄰近的低地國地區（包括現代的比利時、荷蘭以及法國北部等）。但由英王亨利六世在十五世紀時命名為 *bière*（法文的啤酒）的飲料，並沒有輕易地穿越英吉利海峽，而喝啤酒的歐洲人與喝麥芽酒的英國人便分隔兩地。野生的蛇麻草或許曾經是英國的土產，但本地人明顯地厭惡以「外來的」蛇麻草糟蹋好好的英國麥芽酒。不過這無法阻礙優質啤酒的魅力：東盎格利亞（今英格蘭東部）與英格蘭南部諸郡是繁忙的羊毛紡織地區，也是許多荷蘭移民紡織工的家園，他們渴望喝到故鄉釀的啤酒。因此，啤酒很快地被引進，且終於開始在英格蘭生產。

十六世紀初期，釀酒用蛇麻草已在肯特郡生長著，不過即使是在威廉·莎士比亞的時代，添加蛇麻草的啤酒還是不如麥芽酒流行。保守的麥芽酒釀酒業者甚至說服了好幾個城市的市民，包括考文垂（Coventry）在內，都禁止將蛇麻草攙入麥芽酒。然而，啤酒的風潮不減，陸軍行軍與海軍航行時，餐食就是肉、麵包和啤酒。在船上，飲用水很快便帶有鹽味，海軍事務官一定會在船上置備充足的麥芽酒或啤酒：每人每天一加侖左右。傳統的麥芽酒很快地在幾天內就會變酸，若能選擇（許多水手是被強募上船）水手們寧願被徵招至那些放有

蛇麻草心臟地帶
勃克啤酒（Bock Beer）在約1882年的一支廣告。勃克是一種強烈的拉格啤酒（lager，譯註：一種低溫窖藏啤酒），常為特殊場合釀造，於十四世紀起源自德國北部的埃因貝克鎮，並以此城市取名。

蛇麻草啤酒桶的船艦。十六、十七世紀，英國人似乎一直戰事不斷，新的外國啤酒釀製商捐款資助軍火貿易的慷慨程度，如同收稅員徵收國內消費稅那般毫不手軟。因此到了1615年，傑凡斯·馬克漢在他的《英格蘭家庭主婦》（*English Huswife*）裡指出，「一般來說，麥芽酒裡不需要添加任何蛇麻草，這是麥芽酒與啤酒不同之處。」不過，他建議明智的太太們「要在每一桶最優質的麥芽酒裡……添加半磅的上好蛇麻草。」

當「舊移民」（或後來稱為清教徒前輩移民）於1620年自英國普利茅斯啟航時，他們的船，即〈五月花號〉，就置備了啤酒與蛇麻草。1635年，殖民者便開始釀起自己的啤酒。

三百七十年後，每位捷克人每年會喝掉超過156公升的啤酒，而愛爾蘭、德國、澳洲與奧地利則緊追其後。美國每人每年消耗掉82公升，中國則為266公升。啤酒生意比女修道院院長赫德嘉所能想像到的更為龐大。

家居般舒適的配備

麥芽酒斟得滿溢杯緣，英國傳統品脫玻璃杯的小酒窩狀外型，滿足不列顛群島上飲酒人們的渴求達數百年之久。

木藍

Indigofera tinctoria

原生地：南亞
類 型：灌木
植株高：2公尺

木藍與競爭對手菘藍，是藍色染料的主要供應來源，直到大批身著藍色丹寧布料的工人將他們的供應能力拉扯到了極限。隨後降臨的化學替代品，觸發印度從英國殖民統治走向獨立，並賺來第一次世界大戰開伙的資金。

明艷奪目的藍

偉大的威尼斯探險家馬可波羅（1254-1324）在西元1298年注意到，有種奇異又帶股怪味的行業現身於印度喀拉拉邦的科蘭地區，那便是靛藍染料的生產。西非與亞洲地區至今仍廣泛地使用著木藍（北印度語稱為 *nil*）。萃取時會將植物的葉子浸泡於液體中，待其發酵後會產生明亮的靛藍色染料。儘管木藍發酵時的惡臭常使染工成為街坊的拒絕往來戶（某些歐洲地區製程還使用尿液），但四千餘年來它一直是相當受歡迎的染料。

希臘人稱之為「來自印度的藍色染料」（*indikon*）。東西方貿易時，常可見那背滿一袋袋靛藍染料的馱馬，行經絲路離開印度北部。為什麼人們願意冒著遇上劫匪的風險、頂著惡劣天氣花上幾個月的時間，將靛藍染料帶入歐洲呢？從白色婚禮到黑色葬禮，色彩擁有自己的語言。而藍色則代表財富，特別是對身穿靛藍色長袍與頭巾的撒哈拉遊牧民族圖阿雷格（Tuarge，又名藍人）來說意義重大。藍色也表示真理、隱射人類的死亡，以及如天空與大海的平靜。某些醫療中，用以幫助緩和調降呼吸和血壓。

除了歐洲軍服使用藍色外（戰爭有益於靛藍染料貿易），藍色被視為勞動的顏色。歐美十九世紀的工業化所發展出「豪宅式」中產階級（譯註：十九世紀後期，較富裕的家庭為避免工廠塵囂污染，開始至郊區建起大量獨棟地產）與勞工階級，為了阻絕火花、糞便、大麥刺芒及血汗等組成每天工作的事物，很需要能保護身體的結實布料。從紐約港邊搬扛棉花綑的工人，到巴黎為里昂快車鏟煤的司爐工，不論男女都渴求便宜又牢固的衣服。吊帶工作褲、鍋爐服、粗棉工人服（dungarees，因印度孟買的山邊要塞 Dongri Killa 得名，是未染色的廉

價印度棉布來源地），還有最重要的牛仔褲，種種需求如雨後春筍般湧現。如今已是民生必需品的牛仔褲（平均每位美國人衣櫥裡至少躺著七件），當時的需求已威脅到原料供給量，這股流行比藍色牛仔褲在1901年成為美國海軍水兵的制服早了五十年，並催促著化學家尋找藍色染料的合成方式。

雖然菘藍（*Isatis tinctoria*）無法與木藍的品質媲美，但它仍是最勢均力敵的對手。四處征戰的羅馬人尤利烏斯·凱撒觀察道：「英國人以玻璃替自己上色，那是種藍色」。這些「彩繪者」，亦即皮克特族（Pictish，譯註：不列顛島區古代原住民族之一）戰士，是利用塗抹菘藍以威嚇敵人。法國染工已得知將菘藍轉為藍色染料的技法，並開始替工作服染色，特別是在安樂鄉（Pays de Cocagne，譯註：十五世紀興起菘藍加工，因經濟富裕有樂土之意），隨著隆格多克（Languedoc）地區廣為人知後，此處又被稱為「菘藍球的土地」。十八世紀初期，一種由明礬與動物骨頭製成的化學染料普魯士藍（Prussian blue）出現。1856年，一名英國年輕人威廉·柏金設立實驗室，以煤焦油尋求人工合成奎寧，卻意外發現合成染料苯胺紫（mauveine）。接著德國化學家阿道夫·馮·拜爾於1860年代合成靛藍染料，並為他贏得了1905年的諾貝爾化學獎。

當工業製造的合成染料於1870年代衝擊靛藍染料市場時，隨即對印度經濟衍生災難性的影響。二十世紀初期，天然靛藍染料的需求量跌至歷史新低，更加深印度對獨立的渴望，不到五十年後，英國殖民統治走入終點。而化學染料工業在德國持續擴張，1900年已壟斷市場，成為一筆德國投入第一次世界大戰的重要資金。

藍色揭露出它的不朽衷情，而採自夏夜的露滴，讓清晨依然彌足珍貴。

——約翰·濟慈，《睡與詩》（*Sleep and Poetry*，1884）

合成染料

儘管柏金爵士在染料製造業上相當成功，但選擇在三十六歲時退出，專注於研究有機酸。

大地色系

◆

靛藍染料的大地姐妹指甲花染劑（henna），由指甲花（*Lawsonia inermis*，又名散沫花）的葉子提煉。十九世紀的化學染料革命前，染工使用的植物種類範圍非常廣。奧地利人用紅藍花（*Carthamus tinctorius*，又名粗藏紅花）染出鮮紅、粉紅與玫瑰紅色調；愛爾蘭婦女則收集地衣與愛爾蘭苔（carrageen moss，又名角叉菜）；蘇格蘭姐妹會摘取山坡上的石楠製成透明的黃色；荷蘭使用洋茜草（*Rubia tinctorum*）的人們則教導歐洲人如何種植與加工，以取得深紅色染料。

香豌豆

Lathyrus odoratus

原生地：南歐
類　　型：一年生爬藤植物
植株高：20公分

◆ 食用
◆ 醫療衛生
◆ 商用
◆ 實用

香豌豆開出讓千萬人回眸一顧的美麗野花，以最引人注目的姿態現身於威爾斯王妃黛安娜的祖居。雖然在西元1850年代造成的轟動幾乎等同鬱金香，不過它的近親 *Pisum sativum*，即食用豌豆，則改變了人類歷史。雖然達爾文還不知道，但一位巴伐利亞修道士很早便用食用豌豆為現代遺傳學與去氧核糖核酸的發現鋪好路。

野生野長

原始野生香豌豆的芬芳紫色花朵，依然可在地中海春天的樹籬小徑或綠蔭巷弄裡瞧見，尤其是馬耳他島和薩丁尼亞島。然而，它卻是在十七世紀時來自另一個鄰近的島嶼西西里島。天主教方濟會的修道士佛蘭西斯卡斯・庫帕尼神父發現生長在位於巴勒摩修道院花園裡的古怪變種。這種品種發生的自然突變稱為「芽變」（sport），擁有小而雅緻的雙色花朵，即褐紫色的「旗瓣」（standards）與紅紫色的「翼瓣」（wings）。他採集種籽並於隔年種下，發現種籽能長出相同的花色。庫帕尼神父很高興地收集種子，並再次種出這種純美花色（譯註：若為雜交種即無法重現親代特性）。發現此花的三年後，1699年他將種子寄給在阿姆斯特丹一間醫學院的植物學家卡斯帕・柯梅林博士，種籽接著轉手給了另一位植物學家，住在英格蘭米德爾塞克斯郡的羅伯特・尤維達爾博士也是位學院院長。第三次芽變（白色花色）不久後，第四次的芽變出現，並被命名為彩妝女郎（Painted Lady），開出粉紅

> 這就是香豌豆，踮起腳尖飛翔
> 以細膩潔白覆上柔和紅暈的雙翅，
> 與纖纖尖指試圖追趕萬物
> 再用小小的圈環綁定全數。
> ——約翰・濟慈，〈安迪米恩〉（*Endymion*，1818）

與白色花朵。

　　新名「香甜豌豆」不脛而走：「4月
15日，新的溫床裡種下些黃色的印度玉
米⋯⋯以補足欠收。4月16日，在紅磚路
旁的新花園邊播種，有尾穗莧、彩妝女郎
豌豆、飛燕草、黃花羽扇豆與雙罌粟花。」
罕布夏郡賽爾伯教區牧師吉伯特・懷特在
1752年的菜園日誌裡就提到了彩妝女郎。

　　1793年，人們對這種一年生的植物
女王興趣日益增長，一名來自倫敦艦隊

街的種籽商人出版首份香豌豆目錄，其中列出五種品種：最初的紫色
雙色、白色芽變、粉紅及白色相間的彩妝女郎、褐紫色花與紅色花品
種。栽種者開始在自家花園做實驗，尋找新的突變種，或進行異花受
精試驗：「以另一品種的花粉為花朵人工授粉，使用駱駝毛刷子、兔尾
沾上花粉，或以鑷子夾住雄蕊」，一本園藝手冊解釋道。此時，蘇格蘭
園丁亨利・埃克福德著手繁殖香豌豆，最終他培育出115種品種。這位
花匠曾經手許多大莊園（曾為威爾特郡拉得諾伯爵工作，獲得精通栽培
天竺葵與大麗菊的美譽），終於以青銅王子（Bronze Prince）香豌豆獲得
倫敦皇家園藝學會第一級認證書的園藝殊榮。埃克福德後來在英格蘭
什羅浦郡的威姆鎮經營自己的苗圃，並將他的香豌豆種子寄送到世界
各地，這些種子在美國特別流行。然而，香豌豆還有另一項驚喜。約
在1900年，一位食品雜貨商、一名園丁與一位紳士分別由埃克福德的
粉膚色香豌豆發現一種新的芽變，即首席紅伶（Prima
Donna）。它擁有令人驚艷的粉紅色澤、大而蓬亂的
波形褶邊，促使這三名男子爭相為它命名。最後由服
務於奧爾索普花園（Althorpe Park，斯賓塞家族以及
後來黛安娜王妃的祖產）的園丁西拉・科爾的選名流
傳後世，即「斯賓塞伯爵夫人」（Countess Spencer）。

遺傳學的誕生

從庫帕尼神父到西拉・科爾，為了讓自己喜愛的花朵
達到極致花香，在選種和育種的學問其實都已踏進當
時鮮為人知的遺傳科學（說也奇怪，從古至今純黃色

的花一直都是難倒園丁們的顏色）。選種仰賴對動植物的詳盡研究，像是吉伯特·懷特教士這樣的業餘博物學家便相當清楚研究的重要性，1771年8月一封給他的朋友湯馬斯·潘納德的信中，懷特關切著誰有、誰沒有能力稱為「動物區系研究者」（Faunist，譯註：研究特定區域動物分布與物種的學者）。

「動物區系研究者常會傾向使用空洞的描述與為數不多的同義詞」，他對朋友寫道。理由很明顯：「調查動物生活與交談是件非常麻煩又困難的事，除了那些積極好奇、長時間居於鄉間的人以外，旁人難以達成。」他總結道，「國外的系統分類學，尤其曖昧含糊，具體的差異也極為不明確。」

吉伯特·懷特斷言「外地人」無法勝任研究植物的嚴謹工作，而忽略了安德烈亞·切薩皮諾的貢獻。切薩皮諾生於1519年，在比薩大學研讀植物學，於1583年出版《論植物十六卷》（*De Plantis Libri XVI*），其中囊括各種植物研究與依生殖器官分類的論文。一位名為約翰·孟德爾（後改名為格雷戈爾·孟德爾）的樸實獨身摩拉維亞修道士，也再次證明懷特錯了。孟德爾在1843年加入位於布律恩斯夫拉特卡河畔的聖湯瑪斯修道院時，更改了教名。而布律恩是摩拉維亞的省會，就是如今捷克共和國的布爾諾。聖湯瑪斯修道院就某些方面來說更像一所大學，修道士們被鼓勵追求學術興趣、研究與教學。孟德爾正是這樣勤勉不懈的人，本著農業出身背景，他天生對動植物的選種充滿興趣。如一個世代的雞隻是如何改變、適應，並符合期望地生出產卵效率更好的後代，而且這些變化最好都只在母雞身上出現。

孟德爾以老鼠開始實驗，但當訪問主教因惡臭禁止孟德爾繼續進行後，他轉而研究豌豆，但並非香豌豆。豌豆屬（*Pisum*）與香豌豆屬（*Lathyrus*）

遺傳的性狀
孟德爾以食用豌豆發現培育純種植物品系會產生具不變性狀的後代，而一經混種後代的特徵則變得多樣。

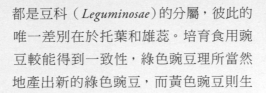

格雷戈爾·孟德爾
在當代頂尖的科學家們尚未掌握孟德爾發現的重要性時,他已隱居鄉間回歸修道院生活,並於1868年成為修道院院長。

都是豆科(*Leguminosae*)的分屬,彼此的唯一差別在於托葉和雄蕊。培育食用豌豆較能得到一致性,綠色豌豆理所當然地產出新的綠色豌豆,而黃色豌豆則生出黃色豌豆。孟德爾逐漸意識到性狀會互相獨立以成對的方式,從兩邊親代遺傳給下一代。英國博物學家查爾斯·達爾文於1859年出版《物種起源》(*The Origin of Species*)的六年後,孟德爾的發現發表成科學論文。達爾文帶頭指出動植物會隨時間的推移產生變化,而天擇使適者生存。《物種起源》掀起一陣騷動,它暗指人類同樣也是演化的一部分,而不是一位仁厚的造物主所創造出的萬物之靈。當達爾文的發現引發眾人嘲弄與強烈地爭論著,孟德爾的成果卻被世人忽略了。瑞士著名的植物學家卡爾·馮·內格里甚至誤使孟德爾相信自己的成果不完整。

直到孟德爾踏入墳墓時,仍虛心地接受畢生的研究成果不值一哂(許多的論文甚至已銷毀),原本應得的國際認可也與他擦身而過。最終,內格里的一位學生,德國植物學暨遺傳學者卡爾·柯倫斯與另兩名科學家(請見右欄「孟德爾的英雄」),在他死後才重新發現此成果。剩下的,便是向世界展示這位巴伐利亞修道士在食用豌豆研究上的真正重要性。

孟德爾的英雄

✦

德國的卡爾·柯倫斯、奧地利的伊律克·馮·賽塞內格與荷蘭植物學家雨果·德·弗里斯等三位植物學家,幾乎同時重新發現孟德爾的研究成果。弗里斯一直埋首於自己的遺傳理論,沒有意識到孟德爾已在豌豆得出成果。英國學者威廉·貝特森在讀過孟德爾的論文後,便造出「遺傳學」(genetics)一詞,並成為孟德爾研究的大力擁護者。

薰衣草

Lavandula spp.

原生地： 地中海、印度、加那利群島、北非和中東

類　型： 灌木型多年生常綠植物

植株高： 可達2公尺

◆ 食用
◆ 醫療衛生
◆ 商用
◆ 實用

薰衣草是真正的地中海植物，頑強地紮根於野地，甚至在羅旺斯短灌木叢區域的炎熱石塊與稀薄壤土間，成為村舍庭園的經典植物。這種羅馬人以拉丁文 *lavare*（浸入或洗滌之意）命名的植物，也證明它是香水貿易中令人驚訝的重要資產。

易燃植物

在開花前一刻將花莖切斷，將它們置於地中海的陽光下乾燥，鎖住其中的天然香氣。它的名稱也許起因於羅馬人將帶有香氣的薰衣草束，浸泡在別墅泡澡水的作法。

　　儘管薰衣草讓人聯想到濃厚的慵懶香味，它可是種易燃的植物。某些地中海品種就如澳洲尤加利樹一樣充滿揮發性油脂，在炎熱的夏季裡可能自燃，並且進一步引發荒原大火。只有在這樣的火勢後，這些植物的種子才會發芽，這也是為什麼商業栽培者發展出「煙燻水」（譯註：將燃燒植物所得的煙燻過水製成溶液），以促使發芽。

> 薰衣草樹籬應在花園分成幾種不同的年齡栽種區域。用作扦插的要取自生長不超過四或五年的薰衣草，若講求造型效果的灌木叢就必須老得多。
> ——葛楚德‧傑克爾，《花園的色彩設計》（*Colour Schemes for the Flower Garden*，1914）

　　這銀葉藍白花植物——薰衣草屬於唇形科（*Lamiaceae*），除了根部之外所有部位都儲有薰衣草油。又長又薄的葉片與天然油脂提供了天然防護，使其能在盛夏的乾旱下存活，並斷絕大多數草食動物對它的食慾。而那令人陶醉的香味，則能吸引授粉昆蟲（採食薰衣草花朵的蜜蜂會產出具特別濃郁而風味強烈的蜂蜜）。

　　任何植物誌書都會收錄薰衣草能入菜與藥用的美名。西元七世紀起，每一種文明都知道使用薰衣草，從埃及人、希臘人和羅馬人，到為醫學（還有其他多數人文科學）引路的地中海地區阿拉伯人。傳統上常種在洗衣房的附近，當成清新地板的芳香植物使用，薰衣草也聞名於能用作殺蟲劑。十二世紀，德國賓根的女修道院院長赫德嘉德格提到它對跳蚤和頭蝨的效用，而在西元77年時，《藥物論》（*De Materia*

Medica）的作者迪奧斯克理德斯則指出它有治療特性，尤其是對燒傷等傷口。從羅馬時代到第一次世界大戰的血腥戰役，薰衣草都曾被善加利用。

　　然而，卡培坡在他的《藥草大全》裡曾警告：「自薰衣草提取的化學油脂，通常名為穗花油（在印度稱穗甘松油），具有相當強烈又辛辣的特性，須謹慎使用。」他亦認可薰衣草對於「癲癇、水腫、呆滯、痙攣、抽搐、麻痺以及經常昏厥等」與其他十來種疾病的治療效果，包括幫助失聲的病患。在香水世界裡，薰衣草有著特別顯著的地位，1709年，義大利香水師傅喬凡尼・法里納在以新家鄉科隆（Cologne）命名的香水中混入些微薰衣草。緊接著四位聲稱使用薰衣草對抗鼠疫的盜墓賊，在馬賽鼠疫爆發期間劫掠屍體被捕後，他的科隆水（Eau de Cologne）隨即推出，其中還加入了迷迭香、丁香和蒸餾醋，因此被稱為「四賊醋」。法里納家族從這個德國城市開始，一路將大量複製的科隆水賣入二十一世紀（使用該店的門牌號碼4700名稱聞名全球），而今香水生產地已轉為普羅旺斯。

　　古希臘與羅馬時代便開始燃燒薰香使空氣芬芳（拉丁文 *perfumare*，指的就是經燻煙處理過），十九世紀中葉，這個字才讓位成為合成香水。雖然它們大多永遠比不上薰衣草精油擁有的諸多優異特質。

全球作物
一般來說，提到薰衣草就會聯想到法國的普羅旺斯，許多地區如今都闢為商業作物栽種。現代生產中心包括了澳洲塔斯馬尼亞島（如此圖所示）與日本北部的富良野。

成功的氣味
＋

薰衣草品種約有28種，能各自產出不同質與量的油脂。商業生產工藝在於製造出完美的融合品。狹葉薰衣草（*Lavandula angustifolia*），即真薰衣草或英國薰衣草，生長於800-1,300公尺之間的土地時，會產出最佳品質的油脂，而生長高度較矮的寬葉薰衣草（*L. latifolia*）可產出約三倍量的油，但品質則較差些。由狹葉薰衣草與寬葉薰衣草兩者雜交出的醒目薰衣草（*Lavandula x intermedia*），則會製造更多較低品質油脂，並可種植於低海拔地區。

野生蘋果

Malus pumila

原生地： 印度喜馬拉雅山區，巴基斯坦，以及中國西北部

類 型： 喬木

植株高： 可達7.5公尺

◆ 食用
◆ 醫療衛生
◆ 商用
◆ 實用

你絕對不會想吃薔薇科蘋果亞科蘋果屬的野生蘋果（*Malus pumila*）的苦澀果實，但你可能會在世上任何一部園藝史上為它留個位置。野生蘋果和可食用蘋果同源，曾幫助艾薩克·牛頓公爵發展重力理論公式。光是難以計數的神話故事和傳說都繞著蘋果打轉，就非常啟人疑竇了。而這小巧的隨手午餐所造成的經濟衝擊，更是不容忽視。

奇異的果實

一千五百年前，哈薩克阿拉木圖的某村莊內，市場的鄉下小販把一袋樹苗擺上貨品攤，一旁攤販們斜著眼看他葫蘆裡究竟賣什麼藥。傳統貿易分為兩類，一類與當地人交易，一類和經絲路而來、外表兇惡的部落成員通商（請見白桑樹，130頁），交易內容包括羊頭、活雞，還有從附近森林採摘的野生蘋果、胡桃、杏子。這些隨機販賣商品也包

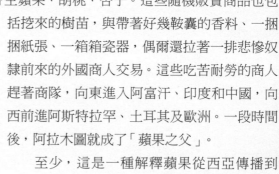

括挖來的樹苗，與帶著好幾鞍囊的香料、一捆捆紙張、一箱箱瓷器，偶爾還拉著一排悲慘奴隸前來的外國商人交易。這些吃苦耐勞的商人趕著商隊，向東進入阿富汗、印度和中國，向西前進阿斯特拉罕、土耳其及歐洲。一段時間後，阿拉木圖就成了「蘋果之父」。

至少，這是一種解釋蘋果從西亞傳播到全世界的說法。但蘋果仍是充滿神祕感的水果，聽聽它眾多的稱呼：*aball*、*ubhall*、*afal*、*appel*、*obolys* 還有 *iabloko*。希臘文叫 *maila*，拉丁文就是 *malus*，而古巴斯克語則是完全不同的字 *sagara*。

巴斯克人使用截然不同的說法稱呼蘋果，促使一位歷史學家阿方斯·德·康多爾，也是《植物地理學》（*Géographie Botanique Raisonnée*，1855）的作者，認為其實蘋果早有

忠實擁護者：克爾特人。

當羅馬正將成為西方超級強權時，克爾特人從位於西歐的老家，同時也是野生蘋果的原鄉，航行進入西歐及南歐。儘管克爾特人一直被塑造成傳奇浪漫的民族，但他們絕對與當代任何一支自給自足的部族一樣粗暴野蠻。他們以詩歌、演說、故事與傳奇敘述等方式記錄歷史，譬如一則與蘋果相關的故事，即梅林、梅汀或梅爾汀的傳說（隨你怎麼拼寫他的名字），這位帶著權杖、身穿棕色長袍狂妄巫師的故事，在威爾斯、布列塔尼半島、加利西亞、愛爾蘭與西蘇格蘭地區，至今依然傳頌。

這一首由喀里多尼亞人梅爾汀寫於西元六世紀的詩（喀里多尼亞，蘇格蘭的古拉丁名）描寫的正是我們古代的蘋果樹：

…… 在梅爾汀逐漸年邁之前，也就是七個二十又七（即147）歲，一片出自慈愛之地，樹齡、大小和高度均等的蘋果樹出現眼前，由一位捲髮年輕少女看守保護。

另一則是克爾特人為最早果樹植栽者的傳說，即聖布魯斯的故事。因為對抗撒克遜人，聖布魯斯被驅離西英格蘭，開始在布列塔尼島上開闢蘋果園。《杜威關德法典》（*The Dwll Gwnedd*）是一部古老的威爾斯法典，記載蘋果樹的定價規則「…… 每季增加二便士，直至這顆樹結果，屆時其價格為六十便士，如同牛犢一般，價值是累進的。」

蘋果也是希臘羅馬神話中鮮明的特色。阿塔蘭塔是希臘神話中一位行為舉止酷似男孩的少女，不受伊阿爾卡狄亞的阿索斯國王所疼愛。她被遺棄在山間，吸吮熊的乳汁，由獵人撫養長大，成為有名的女獵人，但也是拒絕所有愛慕者追求的少女。每一位要求握她手的男子，都被要求和她賽跑。他們裸身跑步，而她則穿著半透明的袍子。只要她贏了，那無緣的配偶就被置於死地。後來，女神愛芙羅黛蒂（專司愛與美之女神），對一位新的追求者米蘭寧掬以同情，提

克爾特果

日內瓦大學阿方斯·德·康多爾（1806-1890）宣稱「文字記載前蘋果的栽種由從前的裏海地帶擴張到鄰近歐洲地區」，他認為蘋果起源於克爾特人和條頓人之間。

夜訪果園酒宴

✦

將蘋果樹（與其他果樹）集中種植，也就是所謂果園營生法，是種古老的事業，當中的許多傳統習俗也十分古老。聖誕節後的第十二個夜晚，在冰冷、幽暗的果園中聚會，比賽以弓箭射中最大的果樹，這也許是最古怪的習俗了。夜訪果園酒宴是種祈求多產的儀式，在英國赫理福德郡、格魯斯特郡與索美賽特郡鄉間再度流行。儀式包括在最大的樹上懸掛一片片吐司（以吸引善良的知更鳥精靈），將武器射入樹枝分杈中（以驅逐邪惡的精靈），並伴以歌聲痛飲蘋果酒度過這一夜。

議他沿著路徑丟下三顆金蘋果。如同愛芙羅黛蒂所預期，金蘋果果然擄獲阿塔蘭塔的注意，時間長到足以讓米蘭寧贏得勝利，也贏得了佳人。赫丘力斯的第十一場冒險中，蘋果也扮演重要角色。在三位林仙（居於樹林水澤的仙子）海絲佩拉蒂們的花園裡，金色之樹挺立其中，一條龍據守保護這些果實。赫丘力斯藉助海神涅羅士之力，找到花園，摘下金蘋果，但果實在離開花園的瞬間便開始腐敗，必須送返花園，才重新恢復原有的美麗。

魔法與神話

希臘女神維納斯，也就是羅馬的愛芙羅黛蒂，與她的兒子丘比特和金蘋果（即巴里斯交給她的「爭執蘋果」）。神話與傳說時常包圍著這顆蘋果，特別是克爾特傳說與亞瑟王故事中，更是充滿神秘色彩。

　　雖然「金色果實」的故事們，以及伊甸園內亞當夏娃的神話，說的可能是當時更為常見的石榴樹。但亞法隆多霧之島與神秘的克爾特傳說，蘋果毫無疑問地就是主角。亞法隆是西方海洋上的蘋果之島，塵世樂園，島上圓桌的主宰亞瑟王便長眠於此。克爾特神話亦對蘋果投以相當的關注：摩根勒菲，亞法隆之后，手執代表詳和與豐饒的蘋果枝條。有時她被描繪成詭計多端的女魔法師，同時也是與夏季君主亞瑟王互補的冬季女神。垂死的亞瑟王被帶到亞法隆，期待能再度起身戰鬥，擊潰任何侵入領土的侵略者。

　　1066年的侵略行動中，當諾曼人拖著他們的小船泊上英國海岸時，他們也帶上一套新的蘋果與果園栽植技術，還有製作蘋果酒的嶄新構想。雖然羅馬人早就帶著果樹女神波姆拉的技藝，以及葡萄莊園一起進入法國（當時稱為高盧）與英國，但英國格外涼爽的氣候，則讓酒神巴庫斯（也是葡萄之神）拱手讓位給果樹女神波姆拉（譯註：英國的葡萄酒生產比不上以蘋果為首的果樹栽種事業）。

　　蘋果酒是可課稅的商品。稅收紀錄顯示，1300年時，英國南方大多數地區都生產蘋果酒。接下來的六百年中，它成為蘋果種植區最具代表性的農產飲品。蘋果酒並非只是副產品，許多時候甚至是栽種蘋果的唯一目的。以下敘述出自巴克奈爾什羅普郡的農人史丹·莫理斯，記錄於1980年代：

釀造蘋果酒耗掉了一週最精華的時間。十月到聖誕節是釀製蘋果酒的時機。馬兒被領到架設於河邊、輕便型的磨坊裡，以磨碎蘋果。之所以選在河邊，因為可以借助河水的動力。過去每年都有十或十二個人在這裡釀蘋果酒。

　　莫理斯描述在木桶裡注入榨好的蘋果汁（以促進排便聞名），並等著天然酵母使液體開始發酵：

你得時時觀察發酵過程，適時加上一些水……我們習慣向生產蘭姆酒的公司購入木桶，木桶內總有些許蘭姆酒（嗯，很明顯地，是沒倒乾淨的蘭姆酒！）在家中存放蘋果酒的酒室，我們通常會有一到兩桶120加侖的木桶，也許還有兩個100加侖的，以及兩到三個50或60加侖的木桶。

　　以提供平均一家六口的家庭加上幫忙釀造的六名工人一年所需的量（一年可達620加侖，約2,820公升，或者一星期超過571公升）來看，可知蘋果酒在一般農莊的重要性。

大蘋果

十八世紀中葉，蘋果樹以及主要產品蘋果酒已經遍及全世界。植栽者湯馬仕·史密斯也是一名農場工人，偕同妻子瑪麗亞與五位孩子，從英格蘭移民至澳大利亞新南威爾斯。他們在賴德種植橘子、桃子、油桃，還有約一千種不同品種的蘋果。瑪麗亞逝於1870年後，城堡丘農產展示會展出他們培育的特別品種「史密斯幼苗」，後來成為知名的澳洲青蘋（Granny Smith，譯註：意即史密斯老奶奶，據說是為紀念瑪麗亞無意間將歐洲野蘋果與一般蘋果雜交繁殖成功）。

頭上的蘋果

◆

並非所有蘋果的故事都是真人真事。比如說瑞士英雄威廉·泰爾不顧勸說，拿起弓箭射向兒子頭上蘋果，並將其一分為二的故事便是虛構的。而數學家艾薩克·牛頓公爵苦思默想重力理論的奇聞佚事，據說當時就是他正坐在林肯郡的伍斯索普莊園樹下思忖著基本觀念，一顆成熟的蘋果從樹枝脫落，被重力拖到地上。另有一說指出這是肯特蘋果（Flower of Kent，譯註，一種用於烹煮的綠色品種）。雖然有間接證據支持，但至今依然缺乏真實證明。

成功的故事

澳洲青蘋也稱史密斯老奶奶，首先由新南威爾斯的史密斯家庭開始種植，後來成為二十世紀主要蘋果品種之一。

美國也發展著新品種。最初運至此地的是種籽而非果樹，所以北美品種擁有較豐富的基因庫。據說一位辛普森船長種下了在英國家鄉餞行晚宴時所吃的蘋果種籽。這顆種子，於1824年成為華盛頓州第一批栽植的蘋果樹之一。同時，韓德森・盧林帶著一車蘋果樹從愛荷華出發西行。馬車的重量嚴重拖延行程進展，最後停在華盛頓州，他與另一名愛荷華人威廉・米克開始種植大型果園，使華盛頓州成為美國最大蘋果生產地區。鐵路的及時出現讓收成的蘋果直接橫越大陸運送各地。

盧林與米克努力之餘，也受到一位不可思議的人物約翰・查普曼幫助。他是一位十九世紀時，四處遊歷的蘋果種植者以及一位傳道士（他從生產蘋果酒的磨坊處取得免費種子）。查普曼到處設立蘋果苗圃，遍及俄亥俄州、印地安那州與伊利諾州，成為後來眾所皆知的民間英雄強尼・蘋果籽（Johnny Appleseed）。

1880年代中期，一位基督教貴格教派的農人杰希・哈特，從一棵唯獨樹根莖還有一絲氣息的樹上，培育出頗具生產價值的鮮紅色蘋果，他將這種蘋果命名為鷹眼。澳洲青蘋現身市場的三年後，鷹眼被評定為「美味」（delicious，譯註：台灣慣稱五爪蘋果），兩年後即以此新名推出市場。五爪蘋果成為全世界種植最廣泛的蘋果。

我的生活多麼美好！
成熟的蘋果垂掛眼前；
甘美多汁的葡萄成串，
在嘴上碾榨成酒
——安德魯・馬維爾，〈花園〉（The Garden，1681）

全球市場

二次世界大戰即將結束時，美國蘋果栽種者信心大增。戰時歐洲蘋果園營運狀況不佳，於是美國將不受國內消費者喜愛的小型水果運往歐洲。不過，到了1990年代，中國的果園種植偏重結果效益佳的果樹，因此挑上了蘋果。一開始中國強行進入果汁市場，到了世紀交替之際，搖身一變成為全球重要蘋果出口國，取代歐洲、印度以及美國。其它國家開始怨聲載道，因為廉價的中國勞力腰斬了家鄉市場，也替自己開始引進移民勞工（英、法的勞力來自東歐，美國的來自拉丁美洲）採收蘋果。部分環境學者認為，在一個營運良善的市場，農人會利用當地勞力，以當地的行情給薪，讓消費者吸收合理的經營成本。但農人們都非常了解他們的大盤買主，也就是經營超級市場的財團，只會單純地選擇向更便宜的農場收購。

全球樹木保護運動（Global Tree Campaign）致力拯救受到嚴重威脅的樹種，在2008年公布一份中亞地區面臨生存危機的樹種名單，列出位於哈薩克、吉爾吉斯、烏茲別克、土庫曼與塔吉克斯坦等地的原始森林中的四十四種原生野樹品種。預計五十年內，該區90%的古老森林將遭摧毀。前蘇聯解體後，過度的放牧、採集、墾伐等開發行為不斷地壓迫樹木。這些可能是最早出現的果實與核果類植物的後代，包括野生杏仁（*Ameniaca vulgaris*）、野生胡桃（*Juglans regia*），與最飽受威脅的幾個蘋果品種，如新疆紅肉蘋果（*M. niedzwetzkyana*）以及新疆野蘋果（*M. sieversii*），而它們就是現代馴化蘋果基因的母系根源物種。

成功的象徵

✦

紐約市（綽號大蘋果）、電腦產業巨擘蘋果公司、披頭四以及英國赫里福德郡鄉村之間有什麼共通點呢？他們全都以蘋果做為成功的象徵符號。1962年，四名自稱披頭四的利物浦音樂人，在發行新專輯「嗨，朱德」（*Hey, Jude*）後，便一步步邁向巨星地位。有趣的是，唱片中間是一顆澳洲青蘋（背面則是被切成一半的蘋果）。

保羅・高更

蘋果是當前世上種植區域最廣的水果，同樣也對畫家保羅・高更產生影響。

白桑樹
Morus alba

原生地：中國及日本

類　型：落葉灌木或喬木

植株高：可達15公尺

◆ 食用
◆ 醫療衛生
◆ **商用**
◆ 實用

絲路是世界第一條高速公路，總長8,000公里，也是一條橫跨大陸的貿易路線，充滿神秘事物與浪漫幻想，一路指向各式異國情調的他方。身為第一條連繫東西方的貿易路線，絲路不僅傳播宗教，也就是將藏傳佛教傳向東方世界（譯註：元明清三代，西藏持續向中原傳播藏傳佛教），也傳遞了桑樹的奇異「果實」：蠶絲。

絲質好禮

絲路在空間上，是一條由人類活動聚落與旅者足跡踏出的蜿蜒長路，也跨越千年以上的久遠時間，一條接著一條的道路此起彼落地在中國與歐洲間興起，交錯綿延成巨大網絡。「絲路」一詞在德國地理學家費迪南・馮・李希霍芬於十九世紀晚期新創「絲綢之路」（*seidenstraße*）一詞後，獲得大眾認可。絲路路徑最東始於西安，西行繞過戈壁大沙漠邊緣後，接著穿越突厥斯坦。稍晚出現的南邊路線以印度加爾各答為起始點，沿恆河而上橫越至喜馬拉雅山脈南邊，進入巴基斯坦與阿富汗的荒山野嶺中。北方路線繼續穿越哈薩克與亞美尼亞，而南方路線則經過伊朗、伊拉克與敘利亞，才會抵達較為安全的城市，如亞歷山卓港、君士坦丁堡、雅典、熱那亞及威尼斯。

　　所有絲路都關乎國防安全。有些路線是中國漢代（西元前206-220年）時興建，當時的農人與商人深為匈奴侵襲掠奪所苦。匈人（Huns，譯註：西元一世紀盛行歐亞交界並入侵東歐的游牧民族）的祖先匈奴人，以狂野騎兵不斷騷擾中國邊境，促使漢朝派遣使節前往鄰近部族結盟對抗匈奴。此策略有時奏效，有

我們繞行桑樹灌木
在冰冷霜結的早晨。
——傳統歌謠

時卻毫無作用。第一次出使西域時，中國外交官張騫被匈奴擄獲，他當了十一年的囚徒，甚至定居當地娶妻生子。只要派遣外交使節出使都會攜帶進獻物品，以軟化匈奴鄰近部族的態度，呈禮包括聯姻的公主、金與絲織品。到了西元一世紀，中國幾乎須送出三分之一的歲收。要不是絲綢的技術已純熟到得以貿易，中國可要嚴重貧血了。

中國很早便精熟製絲技術。據發現，蠶絲的遺跡可能超過四千年。絲的生產全仰仗原生的中國白桑樹，其木料堅硬，更深受櫥櫃與樂器師傅們重視。不過，桑樹薄而闊的葉子，對蠶（*Bombyx mori*）而言是珍饈美饌。在中國，慣例先種下一棵健康堅固的桑樹，等樹立足生長，再將培育好的插枝接枝到老根莖上。當這棵樹生長到第五年，便採集它的葉片，仔細切碎後餵養蠶。

開始育蠶時，蠶的卵需要被儲藏起來並謹慎照顧，讓每一批能同時孵化。孵化出的幼蟲置於木屑鋪成的蠶座上，在紗網上擴陳開來，接下來的三十五天中，牠們可以在桑葉上大快朵頤，最後結出能供應製絲的繭。蠶繭自蠶座移出，一部分留做育種，餘下的就交給製絲者，以土耳其浴式的炙熱蒸氣或投入沸水中破壞蠶繭。此時便可輕輕解開空繭殼，拉出一條長達1,500公尺的天然絲線，絲線可染並織入織品中。白桑樹是整個生產過程的主要關鍵，一件絲質長褲最少需要4,000公斤的桑葉。

中國蠶絲產品是提供絲路貿易的原動力。商人們以馱馬、單峰駱駝甚至大象定期往返絲路上，把茶葉、紙張、香料以及陶器一同帶著，向西旅行。當商販攜帶葡萄、玻璃、焚香與紫苜蓿返回東方時，「新」的信仰藏傳佛教，也順延著絲路找到傳教路徑。絲仍是最具價值的商品，本身就可當作流通貨幣。某時期中，一捲蠶絲加上一匹馬價值五個奴隸（儘管紀錄無法顯示是名門阿拉伯種馬還是駑馬）。西元前一世紀，蠶絲織品深入羅馬帝國中心，羅馬人對待絲織品猶如珠寶一般。小件絲織品會縫在布墊或別在流行衣飾上當主角。

羅馬作家老普林尼在《自然歷史》（*Natural History*，77）中試圖描述這種傳奇般的樹葉收成：「塞

偷來的種籽

✦

製絲方法如何流出中國的故事有許多傳說，最廣為流傳的故事之一是：和闐是絲路岔路上一個古老的佛教國家（現在中國境內），國王滿懷敬意地對他那來自東方的新娘半請求半警告的說，在她即將入嫁的國家裡既沒有絲綢也沒有桑樹。這位尊貴的新娘違反任何人不得移動絲蟲或桑樹種籽的規定，把它們藏在頭巾裡，越過邊境。

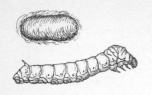

被囚禁的生物
依賴白桑樹的蠶，是唯一因生產
絲綢而有系統培育的蛾類品種。

里斯人是第一批專門進行採收的人，他們以森林裡生產的羊毛名聞遐邇（譯註：當時有種說法認為樹上會生長羊毛），他們對葉子灑水，將白毛從葉上分離出來，婦女則負責收取白毛、重新編織。」由於中國人成功地對西方人三緘其口，絕不透露製絲的秘訣，西方便謠傳著種種製絲方法。據說，蠶絲是從肥沃的土壤或一種稀有的沙漠花朵花瓣中紡織出來，甚至謠傳某種昆蟲會不停地進食，直到自己爆開，露出體內滿滿的絲。某種樹種能刷下白毛產生絲的誇大故事，卻最接近事實，這個樹上可能就有最初的野生蠶蛾。到了羅馬時代，已有足夠的絲綢通過絲路抵達羅馬，供應較富裕的市民穿著整套蠶絲衣物，某些元老院議員也穿著絲織品。後來的一些道德家，包括塞內卡（古羅馬強調絕對理性的斯多葛學派哲學家）、索利努斯（羅馬作家，著作等身，創「地中海」一詞）、提庇留斯皇帝都譴責這是無能、有失大體的習慣。提庇留斯認為這會使「男性被誤認成為女性」。

製絲方法與白桑樹的重要，漸漸沿著絲路傳送出去。白桑樹的種籽與幼苗被引入波斯、希臘以及西西里島後，當地成為蠶絲製造的重點地區。十五世紀晚期，當海上貿易取代絲路，法國開始有自己的絲綢工業，在南部栽種數以千計的桑樹。英國國王詹姆士一世想有樣學樣，不過，當桑樹繁茂生長的同時，蠶絲產業卻不然。最後，美國殖民時期北美也開始引進桑樹與相關貿易，自此桑樹便橫跨了全世界。

細心照料
此圖為喜多川歌麿於約1800年繪製。描繪婦女正妥善照顧著毯子上的蠶，為它們灑下桑葉雨。

難伺候的蠶

✦

據說，民間傳說中神農氏教導中國人如何種植桑樹以餵蠶。十四世紀時，王禎在《農桑通訣》（*Shonshi Tonqku*）中針對養蠶、餵飼桑葉提供有效意見。他提到蠶不但要遠離炸魚或肉的氣味，也不得讓剛生產的婦女或任何帶有酒氣的男子接近。此外，這種蟲無法忍受骯髒污穢的人、搗米的聲音，也無法容忍潮濕或過於燥熱的桑葉。

わ よ れ ゐ や 女織蚕手業草

眠起して葉の名ふと衣よする嶋

肉豆蔻
Myristica fragrans

原生地：東南亞熱帶島嶼

類　型：長綠喬木的種子

大　小：可達10公尺

◆ 食用
◆ 醫療衛生
◆ 商用
◆ 實用

從芫荽、蕃紅花、小豆蔻到胡椒、巧克力、香草還有薑，藥草和香料是人類歷史的固有本質之一。它們容易受到神祕、保護性貿易主義的教條所限制，也會受到偷盜竊取的影響。不過，這場小小的肉豆蔻控制權大戰，比起其他植物竟顯得更加激烈而艱困。

肉豆蔻之旅

藥草和香料，如豆蔻香料與肉豆蔻，用於食品與飲料調味已有很長一段歷史。若認為它們的功用只是掩飾不新鮮食物的異味，實在誤會大了。但它們過去的地位的確比現代來得重要，今日的西方世界幾乎每家街坊商店老闆都會屯積些新鮮冷凍魚、肉類或禽肉，還有幾天前剛成熟的水果、香草與鮮花。有些香草如薰衣草與南美洲的檸檬馬鞭草（*Aloysia citriodora*）能除去每日街上散發的臭氣；有些則像丁香（*Eugenia aromatica*）保持口氣芳香。然而這些香料成功的真正秘密，一如約翰・傑拉德所說的，它能「保持身體健康，亦能製藥。」

肉豆蔻的種種功效已無庸置疑。從淡黃色、充滿香氣的花朵中結出拳頭大小、杏黃色的果實，果實裂開後露出包覆成團的肉豆蔻果仁，乾燥後再磨製成豆蔻香料。除了精心研磨的粉末外，也可出售整顆乾燥的肉豆蔻。古時中國大夫會利用它來刺激食欲、幫助消化。肉豆蔻為人所知的功效還有舒緩失眠、腹瀉以及腸胃不適，同時當中的油脂還能減輕風濕病痛。但肉豆蔻含有具毒性的生物鹼肉豆蔻醚（myristicin），大量服用會引發焦慮煩躁、幻覺等副作用。

不過，也許這些神奇的療效都只為了增加它的神祕感。

人類世界初始的幾個時期中，植物是人類普遍食用的糧食，隨著飲食與醫藥上的需要持續增加，它們的用途不只是維持生命的糧食，也是可恢復健康的醫藥。
——約翰・傑拉德，《草藥集》

植物最初的起源越是隱密，相關的傳說往往越是荒誕。就像絲綢（請見白桑樹，130頁）一樣，肉豆蔻也來自古怪的地方。而肉豆蔻的神秘氛圍則被阿拉伯人與印度人傳播。肉豆蔻是可以進行無聲交易（silent trade，譯註：因雙方語言不通而進行的交易方式）的貨物，換取像金屬與鏡子之類的物品。希臘人與羅馬人對此物一無所知，但在西元六世紀的某天，肉豆蔻隨同一批委託運送的香料，從君士坦丁堡翩然來到歐洲。接下來的七到八個世紀，當阿拉伯人橫越大陸運送肉豆蔻時，威尼斯人就像當初從胡椒取得好處一樣從中獲利。1497年，瓦斯科‧達伽馬繞行過好望角時，歐洲開始強行介入印度洋的海上貿易，於是發現了肉豆蔻源自熱帶摩鹿加群島上，那兒有片綿延好幾公頃的肉豆蔻林。

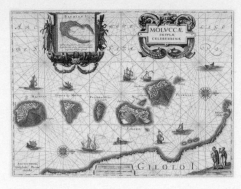

香料贏家

威廉‧布勞於1630年製作的地圖，描繪荷蘭與葡萄牙水手的海上戰爭。這第一幅摩鹿加群島的地圖上，布勞將群島畫在永遠的贏家荷蘭手中。

然而，肉豆蔻生意並非一直掌控在葡萄牙人手中，而是由世界第一個跨國公司——荷屬東印度公司所把持。十七世紀，荷屬東印度公司排除萬難，為保護新的商業利益，將肉豆蔻林夷平，移種至鄰近島嶼（不過野生鴿到處散播種子，不斷阻撓壟斷任務）。並時常僱請傭兵獵取對手首級，並以船隻到處運送奴工，荷屬東印度公司的經營方式與多數殖民勢力一樣，當地原住民很難不因此而有損傷。快速壟斷事業長達兩個半世紀，卻在1776年被法國植物學家皮耶‧普瓦沃狠咬一口，他企圖從摩鹿加走私種籽到模里西斯的新開墾區種植。僅僅十年過後，英國人便成功地開始運送幼苗到檳城、加爾各答、斯里蘭卡的康提以及皇家植物園（請見右欄「肉豆蔻出走」）。

摩鹿加島上居民最先享受到壟斷肉豆蔻市場的好處，接著是葡萄牙人、荷蘭人與阿拉伯人，然而市場最終還是崩潰。現在，肉豆蔻能加在眾多不同風味的植物（最早是糖和薑）裡，多虧它們離鄉背井來到異鄉繁衍昌盛，帶來豐厚利潤。

肉豆蔻出走

✦

1796年12月，東印度公司的克里斯多福‧史密斯將於班達群島採集肉豆蔻植物的清單，交給倫敦地區皇家植物園的約瑟夫‧班克斯爵士。他對內容詳加說明：「我留在這些島嶼上長達十八個月，期間收集了六萬四千零五十二種丁香、肉豆蔻與其他珍貴的植物。我十分擔心，長途航行、運輸不當將造成嚴重影響……而且船上沒有人具備實際照顧它們的經驗與知識。」所幸史密斯的恐懼最後並未成真。

煙草
Nicotiana tabacum

原生地：推測來自玻利維亞
及阿根廷西北部

類　型：一年生植物

植株高：可達2.4公尺

◆ 食用
◆ 醫療衛生
◆ 商用
◆ 實用

它足以與棉花競爭世上最重要非糧食作物的地位，不過，也在法庭上占了最具爭議性的位置。香煙製造商掙扎了好一段時間，才勉強承認這種植物的加工產品是會害死人的。這不僅公然合法，甚至頗受歡迎的毒物，還曾經一度被認為是種靈丹妙藥。

世紀仙丹

葡萄牙人最初想建立跨大西洋貿易線時，在西非的黑奴貿易中心廷巴克圖城設立了大使館。當時法國大使尚・尼古來到葡萄牙宮廷，在就任的1559至1561年間，他摸熟了美洲運貨船載來的許多奇異新大陸植物。其中有一種叫做「祕魯天仙子」（Henbane of Peru）的藥草，特別吸引他的注意力。他曾使用這種藥草做成的敷藥，成功治療了潰瘍。因此，尚・尼古將部分種籽分送到巴黎，進呈給當時的法國王太后凱薩琳・德・麥地奇。很快地，它不只成為藥劑師們藥箱裡的一員，更引發一波鼻煙熱潮：這種「尼古老兄的習慣」，就是將一小撮磨碎的煙草粉末吸入鼻腔，在法國貴族圈掀起狂熱。這波熱潮在1571年更達高峰，特別是當西班牙醫師尼古拉斯・蒙納德斯以煙草開發出一種宣稱能治療多達二十種疾病的靈藥，一般的偏頭痛、痛風、牙痛、各式水腫，甚至是致命的瘧疾都有效。這位醫師住在世上最繁忙的港口城市塞維亞，也是美洲植物的主要輸入港口。他用非常樂觀的標題寫下了他的發現〈來自新世界的好消息〉。

　　太多「新」美洲植物等著命名，因此產生眾多名稱上的混淆。在尼古拉斯・蒙納德斯宣告煙草妙用的二十年後，另一位醫師約翰・傑拉德大膽嘗試為其命名：「煙草，也叫秘魯天仙子。尼古拉斯・蒙納德斯稱之為塔巴康（tabacum），美洲人則稱匹唐（Petun）」。煙草的拉丁名稱包括*Sacra herba*、*Sancta herba*（兩者皆為神聖藥草之意）以及*Sanasancta indorun*（神聖印弟安藥草）。但他也說道：「有些人則叫它尼古西尼亞（Nicotiana）」。所以那

位尚·尼古法國大使先生與煙草的關係似乎比其他人更密切些。傑拉德1597年的著作《草藥集》中，同時也描述了使用煙草的方法，令讀者感到驚訝不已，「通常會把晒乾煙草放在煙管裡點燃，然後用力把煙往胃裡吸，再從鼻子噴出來。」

傑拉德承認，如果要完整發揮煙草的醫療效果，需要相當劑量才行。尼古拉斯·卡培坡1653年完成的《藥草大全》（*Complete Herbal*）中，也對煙草抱著熱情期待，在一張煙草藥劑清單前這樣描述：「原生於西印度群島的它，現在也在我們的花園裡生長」。煙草可以混在豬油之中製成藥膏，浸在藥膏底部的煙草帶有「刺痛與讓人紅腫」的特性。藥膏可以消除牙痛、殺死虱子、對抗肥胖，做成蒸餾油膏後甚至可以「摧毀一隻貓」。知名日記作者塞謬爾·皮普斯在1665年5月3日的日記中，測試並記錄了煙草藥膏的功效：「看到佛羅倫斯公爵的毒藥殺了一隻貓……那種煙草藥膏也發揮了相同效果。」當時有些報告指出，倫敦的煙草商人不會罹患瘟疫，這至少讓知名的伊頓公學強迫學生抽煙草，若有不從或異議還會遭到鞭打的刑罰。不過卡培坡並沒有認同煙草是「瘟疫預防藥劑」。他說：「里維納思（德國醫師與植物學家）提到，萊比錫幾位老煙槍還是死於瘟疫。」不過卡培坡還是提出了這種特別藥劑的進一步使用：以公牛怒吼般的力道，大力將煙草的煙霧灌進腸子。「這種類似灌腸的做法，不只能有效地鬆開腸子，也能擺脫身體裡的小蟲子，同時能讓嚴重溺水的人甦醒過來。」

這麼優秀又有益身心的植物從那裡來的呢？是什麼模樣？傑拉德清楚地描述煙草植株大約是小孩手臂粗細，可長到2.4公尺，遍生長而寬的柔軟葉子。他也註記一旦冬天來到，便會腐壞。另一位英格蘭人約翰·洛夫則首先在1612年於維吉尼亞洲成功栽種煙草。短短七年裡，仰賴黑奴的勞力，煙草成為該州最大的輸出產品，並於每年八月至秋天進行拍賣。商人自喬治亞州南部一路沿著所謂的「煙草地帶」到「老產區」（即維吉尼亞州北部）採購煙草。當時消

植物鹼
✦

許多植物都含有天然化學成分植物鹼，其酸鹼值都大於7（譯註，pH，7為中性，小於7為酸性，反之大於7為鹼性）。其中某些對人體具有醫療效果，但某些卻有毒。目前已知可提煉純化、做為醫藥或是保健用途的有古柯鹼、咖啡因、嗎啡、奎寧與尼古丁。

費者用許多不同的方式使用這些「藥品」：法式鼻煙壺、美式嚼煙草、西班牙式雪茄與英式煙斗。當時所謂的小雪茄（現在的捲紙煙）後來扶搖直上成為主流。煙商競相開發不同風味的煙草品牌，使用黑葉子的「白肋」（Burley），或維吉尼亞的「明亮」（Bright）等不同品種的煙草，它們都是市場的重要角色並各霸一方。

在所有大地生產的東西裡，就數煙草這植物最受男人們愛戴了。

——理查・蘇戴爾，《新版圖解園藝字典》（*The New Illustrated Garden Dictionary*，1937）

當時大量生產的捲紙煙需要許多靈巧的雙手。在工業發明的十九世紀，美國維吉尼亞羅諾克的詹姆斯・彭薩克也插了一手。1880年，他申請自動捲煙機的專利，這機器可在一小時內捲出一萬兩千隻捲紙煙。向彭薩克先生買下自動捲煙機使用權的美國「香煙先生」布坎南・杜克，在十年內賺進大筆美金。1890年，他掌握了美國境內40%的香煙市場。

夜騎士

但布坎南・杜克並不總是受到大家歡迎，特別在二十世紀初期，他被指控使用鐵腕手段控制肯塔基與田納西州的煙草農民。當時難纏的大衛・亞默斯博士組織的民間自衛團體夜騎士，集合農民以強硬手段對抗布坎南的壟斷。他們一面與執政當局玩貓捉老鼠的遊戲，一面燒毀爆壞布坎南的煙草倉庫。1907年一次位於霍普金維爾的攻擊行動中，地方民兵指揮官詹姆斯・柏奇・巴希特帶領一團民兵追捕夜騎士，並殺死其中一人。最後肯塔基州的國民兵有組織地攻擊夜騎士團體，迫使他們解散。1911年，聯邦法庭判決布坎南的煙草公司違反聯邦反壟斷法案，予以強迫解散。

大眾議題

◆

西格弗雷德・薩松（英國詩人作家）、葛麗泰・嘉寶（瑞典國寶級影后）、切・格瓦拉（拉丁美洲最偉大的革命家）、溫斯頓・邱吉爾（英國二戰首相）以及沃爾特・雷利爵士（英國維多利亞女王時代大冒險家）的共通之處是什麼？是的，他們都抽煙。世界衛生組織（WHO）曾估計，全世界三分之一的男人有抽煙習慣，全球每分鐘售出一千萬隻煙，且約十分之一的死亡人口是抽煙所造成的。2030年，這個比率還會上升到六分之一。世衛組織亦表示，每八秒鐘就有一人死於抽煙相關的疾病。

煙草因某種安撫人心的能力，成為普及的萬靈丹。戰場上壓力過大的士兵普遍以抽煙緩解情緒，經歷1618-1648年的三十年戰爭、1807-1814年的半島戰爭、1853-1856年的克里米亞戰爭、1861-1865年的美國內戰、1880-1881與1899-1902年的兩次波爾戰爭與隨後的第一次世界大戰（特別是在南非波爾戰爭），英國士兵學會不要三個士兵同時把腦袋湊在一起，以一根火柴點燃香煙，讓波爾狙擊手一次射倒三個目標。香煙如此盛行，當布坎南於1925年過世時，他僅僅年方十二歲的女兒朵瑞斯，立刻成為全世界最富有的女孩。

煙草曾是個看不見收益盡頭的現金作物，但即使在十七世紀，依然有人站出來反對煙草，「我們似乎有個不好、甚至是有害的習慣」，岡札羅・奧維多這樣說到，雖然他也承認煙草的確在治療梅毒上有些合理且成功的效果。1606年，蘇格蘭醫師以利亞撒・鄧肯則建議給煙草改名成「青年禍端」，因為這玩意兒「對年輕人造成太多傷害也太危險。」1622年，荷蘭人卓安・尼安德則宣稱「過量煙草，將身心俱亡。」1604年的《煙草駁斥書》（*A Counterblaste to Tobacco*）手冊，宣稱抽煙是「一種燻壞眼睛的惡習，有令人厭惡的氣味、傷害大腦又危害肺臟。」當手冊作者被發現是英國國王詹姆士一世匿名時，令眾人為之一驚，特別是國王還頒布了第一道煙草稅令。這個皇家批判，四百年後有了新的聲援，《讀者文摘》於1952年的封面揭露煙草的毒害，並以「卡通圖解癌症」專文說明。2008年，不丹與古巴都以健康因素，執行禁煙法令（請見右欄「戒了吧」）。

戒了吧

✦

當美國著名的萬寶路男子漢，以強悍牛仔風格推銷的廣告被禁之後，抽煙人口就明顯隨之下滑。1992年，萬寶路香煙的知名代言人偉恩・麥克勞因肺癌過世。2008年，全球已有28個國家禁煙，包括古巴。古巴總統菲德爾・卡斯楚曾是知名的雪茄愛好者，但早在1986年便因為健康因素戒掉了他的招牌雪茄。

來根煙吧
一張1899年的廣告畫作。誰能預料到百年之後，煙草竟會是全世界十分之一死亡人口的致命兇手呢？

橄欖

Olea europaea

原生地：地中海沿岸

類　型：常綠喬木

植株高：可達20公尺

◆ 食用

◆ 醫療衛生

◆ 商用

◆ 實用

很難想像一個沒有無花果、葡萄、柑橘或是橄欖的地中海。橄欖是其中最晚進入地中海的農作物，人類在大約五千年前才開始栽種。但當人們開始種植與加工橄欖時，橄欖油馬上加速了希臘城邦的發展，帶來民主制度、奧林匹克運動會、帕德嫩神廟以及諸多藝術內涵，並一直延續至今。

橄欖明星

西元1907年，印象派畫家皮耶・奧古斯特・雷諾瓦買下了位於法國東南部卡涅的蔻雷特莊園做為住所，為了要保住這裡的古老橄欖樹林。當時雷諾瓦正在法國南部蔚藍海岸一帶尋找居住地點，剛好聽說一塊年代久遠的橄欖農場面臨被砍伐拍賣的命運，因為二十世紀早期，種玫瑰比種橄欖要賺錢得多。雷諾瓦為了拯救這片橄欖樹林，買下了這塊土地。並花了十一年不眠不休的時光，企圖捕捉地中海樹木的菁萃身影。雷諾瓦在給朋友的信中寫道：「多彩多姿。每當一陣風掃過，我的樹林色調便一起改變。顏色不是呈現在葉子上，而是存在於葉子間。」

橄欖樹從古至今就一直是地中海沿岸景觀的一份子，但就如同桉樹並不是一開始就長在加州一樣，橄欖樹也是後來加入的。與橄欖樹同屬木犀科的還有白臘樹、水臘樹、茉莉、連翹、丁香等植物，它可以長到20公尺，但人工栽種多半維持在3公尺高。成熟橄欖是一顆小而黑的果實，大型核仁則包裹在富含20%油脂的果肉中。99%的橄欖都拿來榨油，先將橄欖泡軟再挖去核仁，接著在低溫下壓出油來，產出酸度低、保有最佳風味的「初榨」（Virgin）橄欖油；果肉則可再經熱榨法取出等級較差的二榨橄欖油與橄欖渣，油渣可進一步加工做成肥皂，有時核仁

這些橄欖樹好殘忍呀！如果你知道它們給我惹來多少麻煩就能瞭解了。

——皮耶·奧古斯特·雷諾瓦寫給朋友的信，二十世紀初

還被拿來當燃料。雖然橄欖推動地中海地區的經濟達五千年之久，希羅多德在西元前五世紀的紀錄中，聲稱除了雅典以外，其他地方很少看得到橄欖樹。因此他建議農業發展毫無起色

的殖民地，可以用珍貴的橄欖樹木料代替石材製成神像祈求保佑。

　　傳說橄欖樹來自希臘主神宙斯的女兒，是女神雅典娜給予雅典人的賞賜。當時女神讓第一株橄欖樹自雅典衛城中冒出來，成為所有橄欖樹的共同祖先。這項饋贈，讓雅典人永遠欠雅典娜一份情。

　　西元前1200年，當邁錫尼文化衰退時，雅典逐漸成為希臘城邦間文化與經濟中心，形成一個鬆散的城邦聯盟，其中包括好戰的斯巴達。城邦聯盟內常常爆發戰爭，但每當面臨外敵威脅時，他們總是能團結一致，對抗像是後來西元前500年波斯人的入侵。

　　雅典由擁有土地、財大勢大的僭主們統治，把持著絕對權力。在西元前540年，庇西特拉圖帶來政治上的長期安定，讓橄欖園林可以發展起來（這需要十多年的時間）。但在羅馬將軍盧基烏斯·蘇拉圍攻雅典城時，這片樹林在一夕間砍伐製成攻城錘與攻城梯對付雅典。僭主制度後來隨時間慢慢轉變，統治權轉移至投票選出的公民代表手中。這群自由的民主主義者（民主主義者一詞來自希臘文demokratia，由代表

和平橄欖

◆

聖經故事中，描述大洪水後諾亞自方舟派出他的第二隻鴿子，並帶回象徵陸地的橄欖。一直到美國革命年代，橄欖枝都被看作是和平的象徵。1775年，大陸議會曾向英國遞上《橄欖枝請願書》（*Olive Branch Peptition*）以避免雙方爆發全面戰爭。直到現代，聯合國徽章也以橄欖枝環抱地球象徵意志、和平與安定。

人民的demos與代表權力的kratos兩字組成），部分原因便是催生自雅典本身的富裕環境（這也許可以解釋美國的民主誕生自十九世紀工業革命後富饒的社會環境）。

當古希臘邁開步伐前進，成為世上第一個民主先驅時，也建立了史上第一個國際運動賽事──奧林匹克運動會，每四年一次，以榮耀雅典城之父、希臘主神宙斯之名而舉辦。各城邦的運動員們集中在雅典城，共同競技現代人耳熟能詳的項目，如擲標槍、鐵餅以及跑步等。雅典並不只是在運動上表現優異，在第一次史有所載的奧林匹克運動會的三百年後，雅典人建造了當代建築工藝典範帕德嫩神廟。兩千年後，英王喬治四世治下的英國將這個神廟視為建築學上「正確」比例的具體呈現。如同石油開採造就阿拉伯國家搖身一變成為世上最富有的國家一樣，古希臘城邦之所以在藝術、運動與民主發展成為超級強國，部分原因也是拜橄欖油之賜。當橄欖油產量大增，迫切需要新的工藝與技術來配合產業發展，像是新的貨幣交易系統、海洋運輸技術、保護貿易船隻不受海盜侵害的海軍力量（雅典人建立了一支令人畏懼的強大海軍），以及高明的陶藝工匠製造盛裝橄欖油的容器（如希臘羅馬文化著名的雙耳細頸陶壺）。這些實用主義的陶藝工匠，連帶製造出大量美麗而獨特的日用陶器，盤

地中海奇蹟
地中海沿岸擁有許多盛產橄欖油的城邦，都以這「綠色黃金」奠定發展基礎。

難以捉摸
雷諾瓦苦苦追求橄欖樹的神態，第二種梵谷筆下的自然事物也是橄欖樹，如這幅1889年完成的〈橄欖樹〉。

子、碗、花瓶、杯子等，上面往往描繪了當時的日常生活、神話與傳說。

　　希臘的土壤過於細碎且多石，難以生產穀物。而橄欖油貿易的稅收，則有助於支付開墾殖民地種植麥子的開銷。西元前八世紀起，希臘的勢力便拓展至西班牙、法國南部、義大利南部、北非、尼羅河三角洲與愛琴海。每個地方都有相應的重要貿易港市，如拜占庭（日後的伊斯坦堡）、加第爾（現在西班牙南部的加的斯港）、薩貢托（位於西班牙瓦倫西亞省）、克羅頓（義大利南部卡拉布里亞區）等港市，以及克里特島、賽普勒斯。這些新建城市從市中心的政府部門到市郊的街道，都是母國城市雅典的翻版。

　　愛德華‧海姆斯在1971年的著作《奉獻於人的植物們》（*Plants in the Service of man*），談到若撇開雅典娜賜予橄欖樹的神話，橄欖樹應該是西元前700年才傳入希臘。當它在希臘扎根後，便加速了當地的經濟發展，並隨著海運傳遍地中海地區。雷諾瓦位在普羅旺斯的橄欖樹，最早便是搭乘希臘人的船，在馬西利亞（今日的馬賽港）登陸。義大利本來也沒有橄欖樹，直到西元前370年才自希臘輸入。感謝希臘人的饋贈，使得義大利在接下來兩個半世紀裡，成為世界上橄欖油產量最大的國家。

　　當大型風帆船在十五世紀開始揚帆出航時，宣示歐洲大航海時代的來臨，橄欖樹的種籽也隨之傳遍全球。雖然今日從西班牙、土耳其、義大利、希臘、突尼西亞、摩洛哥、南非、印度、加州、紐西蘭，一直到中國與日本都有橄欖樹的身影，但全球80%的橄欖消費還是集中在地中海國家。

希臘黃金

橄欖果實20%是油脂，第一次冷榨可以得到品質極佳的初榨油，第二榨之後的品質就差多了。

產油種籽

◆

西元十四世紀，荷蘭農民已經在栽種油菜，讓對手法國、德國與英國明白這方面他們才是箇中好手。幾世紀以來，農家往往依賴橄欖油或油菜籽油（又因味道不佳被叫做臭油）來點燃油燈。這些植物油漸漸地被更乾淨的燃料來源，如可可豆脂、棕櫚油等代替。到了1854年，才被原油中提煉出來的高品質石臘所取代。

稻米

Oryza sativa

原生地：亞洲

類　型：結穀禾本植物

植株高：0.6-1.5公尺

- ✦ 食用
- ✦ 醫療衛生
- ✦ 商用
- ✦ 實用

稻米與麥類都是人類最重要的糧食作物，它改變了地球上許多地方的地貌景觀，養活了人口最多的國家——中國，即使這個國家曾遭受二十世紀最嚴重的災難性社會革命。曾有人把全球暖化的部分罪過歸因於稻米，但與其說是傳統稻田的過錯，似乎不如說是統計學家的計算錯誤。「光會講燒不出飯」這句老諺語說得沒錯，即使是知識份子也需要填飽肚子，而稻米可是餵飽了全球三十億人口。

全球性作物

稻米大致可分下列四種：種植在山坡丘陵地形的旱稻（upland rice）；種在淺水裡的雨養稻（rain-fed rice）；插在田地引水灌溉的水稻（irrigated rice）；種在洪泛區或河谷地的深水稻（deep-water rice）。稻米是最古老的穀類作物之一，全球超過一百個國家仍在種植它們。現今世上有超過1,200萬平方公里的土地，散布於東南亞、美洲、非洲、澳洲與南歐（特別是義大利），栽種這世上至為重要的農作物。值得一提的是，稻米占了全球30%的穀物產量。新品種的發現更讓稻米的產量在三十年內增長一倍，不過，也許到了2025年，也就是不到三十年後，它恐怕還得再多養活十五億人才行。

乾燥時，稻米可像大小麥一樣生長。當環境相當潮濕時（這種情況占稻米生產的90%），它就會被種在水田裡成長。全球半數的稻米收成仰賴手工，這可是件累斷腰的勞力活，生產出的稻米往往做為當地糧食而消耗掉。稻田的英文Paddy來自馬來語的*Padi*，即稻米之意。稻米一開始會先育秧約四週，再移至溫暖的水田中栽種。之後再花上九十到兩百六十天生長、開花，三十天後簇集的小花就會在稻禾的頂部一一結成稻穗。傳統上，農婦負責插秧與除草，農夫則灌溉與犁田整地。最理想的稻田勞役動物自古以來就是水牛，這種笨重但有力的動物會自動自發地拖著犁具向前行走，還能一邊排便替作物施肥。

就如同小麥改變西方世界的地貌景觀，稻米也以稻田的模樣，主宰了亞洲大多數農業土地的面孔。稻田的主要形貌可能源自

於中國，雖然也有人認為南韓是最早種稻的國家之一。稻米於九月收割後在陽光下曬乾，再送去市場販賣。在爪哇島，稻田主要是依丘陵地勢成為拾級而下的梯田，中間綴有零星廟宇，祈求照看稻米的神明保佑。周圍築有土堤或低矮的泥牆，引導灌溉用水進入稻田。每年五月春耕之前，這些工事都會重新整修，確保稻秧可以栽種於新引入活水的水田中。

喀什米爾的稻子
這張水彩畫記錄十九世紀時印度傳統稻米整理過程。有趣的是，畫裡同時包含了回教徒與印度教徒的衣飾象徵，分別是回教無沿小圓帽與印度教纏頭巾。

稻米並不只是改變亞洲的土地。「夏季月份裡，稻禾在千萬畝的田地上，像海浪般起伏綿延」這句話，描述1830年代位於美國佛羅里達州北部自恐怖角北邊延伸到聖約翰的廣闊稻田景觀。一篇署名G.S.S.的文章〈桑堤河畔〉（*Sketches of the Santee River*）刊於1836年10月的《美國月刊》（*American Monthly Magazine*），說道放眼望去，「稻田的景致是一整片平坦沒有缺陷的平面，目光可以從遙遠的河上游一眼掃向下游不知多少哩的距離，不會被任何障礙物擋住視線。」直到美國南北戰爭與奴隸制被廢止前，稻米產業是南卡羅萊納州的沼澤濕地開墾區相當重要的農產事業，此地的稻種來自非洲馬達加斯加（亨利・伍德沃德從某名馬達加斯加船長手中取得稻種，並開始栽種）。當時稻米主要種植在河灣多水地區，壓榨黑奴開墾田地進行稻作。這些自非洲與西印度群島輸入的黑奴，負擔沉重的勞力工作，如清除荒地上原生植物、開挖灌溉引水系統、建築數英哩長的堤防引導潮水流入或排出水田。這些稻田水利工程相當具生產效益：查爾斯頓在1730年代售出超過9,000公噸重的稻米。南卡羅萊納州的地貌持續因為稻田開發而改變，直到南北戰爭結束後，沒有奴隸勞工可以進行過度辛勞的工作，維持稻田生產力。最終，1890年代一系列的颶風侵襲

和諧色調

◆

能在稻子水田中生長的植物並不多，不過這種單一作物主宰的生長環境有其他問題，如稻熱病、水稻黃萎病、草矮病、根腐與莖腐病等等，以及某些害蟲問題，像蝗蟲、老鼠、稻蝨、稻米象鼻蟲等。傳統的保護方法主要是在地儀式，如將特定的花放在當季要播下的種子上，或在村落占星師的指導下，穿上討吉利的彩色衣服下田耕作。

下，摧毀了這裡的稻米產業。

世界上沒有任何國家能如中國，以稻田為鮮明代表。雖然拉丁美洲的旱稻產量高達全球75%（許多雨林遭砍除並開墾成稻田），但是亞洲的農夫們生產了所有稻作的90%。光是中國與印度兩地的稻米年產量就超過了全球的一半，約為六億四千五百萬公噸。二十世紀初，中國正掙扎著從鴉片貿易逆差造成的貧困饑荒之中爬出來（請見罌粟，148頁），這前進的過程，讓中國產生二十世紀最全面、革命性的社會改變，稻米在其中扮演了部分關鍵要素，而另一個重要角色，就是「偉大的導師、偉大的領袖、偉大的統帥」，毛澤東。

1931年，身為河南農家子弟的毛澤東，在江西與朱德一起領導岌岌可危的共產黨對抗當時掌權的國民黨。當國民黨領袖蔣介石攻擊江西時，共產黨執行了一項出人意料的戰略，他們帶著稻米與武器踏上長達9,700萬公里的逃亡旅程，向西尋找庇護所。十萬士兵為骨幹的共產黨，面對前方的十八座山脈，後方的國民黨追兵，在此困境下僅剩兩萬人逃出生天，並將這段逃亡過程稱為「長征」，最後在1935年抵達陝西。之後在1937年7月，兩邊不得不被迫合作，對抗共同的敵人──另一個稻米大國日本的入侵。1945年8月，美國人的第一顆原子彈落於廣島，造成十五萬人的死亡，引導第二次世界大戰走向結束。戰後國共雙方重啟內戰，戰況更加白熱化，最終導致中華人民共和國於1949年10月1日正式建

碾米
這幅木版畫由日本浮世繪畫家葛飾北齋，於1826到1833年間所創作的系列作品〈富嶽三十六景〉之一，描繪日本傳統的碾米過程。

國。這時中國成為世上最大的共產國家。1958年，毛澤東啟動第一次五年計劃，此為大規模經濟社會改造計劃「大躍進」的核心。此計劃重點在於將傳統的小農戶集合成大型「人民公社」，以增加農業生產力。家畜與農產設備都歸公社所有，私人生產行為則被禁止。1966年，毛澤東更進一步地發動文化大革命，以毛澤東為首的狂熱年輕支持者組成紅衛兵，將知識份子趕至鄉村嘗嘗農民生活的苦痛滋味。然而，偉大舵手的毛澤東就是混亂與爭端的源頭，計劃的執行因而反覆不定。這位宣稱親切溫和獨裁者所領導的農業革命，最終造成三千萬人因過度勞動與饑餓而死亡。毛澤東所造成的或許算不上是人類史上最慘重的饑荒，但也是西元前2800年迄今，黃金農作物稻米第一次讓農人們失望。

　　到了二十世紀末，當科學家們瞭解甲烷是導致溫室效應的主要氣體時，稻田被捲進這新的爭論議題裡。西方科學家們認為農業，特別是牲畜，所產生的溫室效應氣體占全球排放的18%，傳統稻田耕作所需的肥料、收成後剩下的稻莖稻根，每年釋放多達3,780萬公噸的甲烷進入大氣。不過印度科學家對此數據有不同的看法，他們認為實際數字可能不到十分之一。科學家認為最初數據錯誤的原因，在於只針對規模極小的稻田調查，而得到嚴重失真的統計數字（譯註：過度強調農畜業溫室氣體排放量的情況非常普遍，主因在於研究排放氣體的大氣與環境學者缺乏適當的研究方法，以準確評估農場溫室氣體的整體產量，往往用局部最大值擴大檢視全體產業，而得到過分誇大的數值）。

殺人嫌犯

到了十九世紀，稻米的食用習慣起了重大改變，特別是亞洲，不再食用富含維生素與蛋白質的糙米，而替換成進一步去除糠皮的碾米與白米。這種營養不均衡的情況，讓腳氣病在亞洲盛行起來。腳氣病英文俗稱布里布里（*Beriberi*），語出斯里蘭卡的僧迦羅語，意思是「動不了、動不了」。描述病人肢體麻痺症狀，而缺乏硫胺酸（維生素B1）、礦物質，以及其他多種維生素是造成這種疾病的原因。症狀包括極度嗜睡與倦怠，是一種亞洲常見的營養缺乏疾病。

罌粟

Papaver somniferum

原生地：從土耳其向東延伸到阿富汗、印度、緬甸以及泰國

類　型：生長快速的直立一年生植物

植株高：1公尺

◆ 食用
◆ **醫療衛生**
◆ 商用
◆ 實用

　　罌粟在歷史上同時被認為是天賜祝福及諸神詛咒之物，它的分泌物可以製成嗎啡，並且早在新石器時代就被使用在舒緩極端疼痛。但它的衍生物，海洛因，在西方世界卻是導致惡夢般後果的毒品。這個曾是能同時妥善照料母親與嬰兒的靈藥，更改變了中國，這世上人口最多國家的近代歷史。

惑人的美豔

　　罌粟花有著令人笑顏逐開的美麗。同屬的植物除了猩紅色的小種罌粟（*Papaver rhoeas*，俗稱虞美人），罌粟還能開出帶著暈紅的白色、粉紅、緋紅或紫色的花朵，能將花園裝飾得典雅華麗。好幾世紀以來，曬乾的連莖罌粟與精心搭配的花朵們，都是高雅客廳的經典花飾組合。當罌粟花凋謝後，膨脹的種籽們聚集在向上豎起、胡椒罐形狀的果實上還綴有流蘇狀構造。灰黑色種籽則如鹽粒大小，就像藏在鹽罐裡一般。在果實的最後熟成階段，頂部會分泌出乳白色、具有麻醉效果的汁液，這就是鴉片、嗎啡以及海洛因的來源。

　　鴉片的採收，首先須在傍晚時分於熟成的果實外劃出傷口，隔天早上便可刮下流了整夜的汁液，此為鴉片原料，隨後將乾掉的汁液捲成一小團，然後在太陽下曬乾。鴉片原料中含有嗎啡，也是提煉海洛因的原料，另外還含有可待因（Codine）以及蒂巴因（Thebaine）等藥物成分，以上皆為植物鹼且具有緩和疼痛、讓人昏昏欲睡的藥效。早在六千年前，東歐到南歐的新石器時代人類便已懂得採取、使用鴉片。

希臘人對它獨特的鎮靜藥效讚賞有加，羅馬人也同樣熟練地運用（荷馬曾在他寫作的史詩《奧德賽》[*Odyssey*] 提到它）。十九世紀，如威爾基・柯林斯、塞繆爾・泰勒・柯勒律治、查爾斯・狄更斯、珀西・比希・雪萊，以及湯瑪斯・德・昆西等作家，都曾被鴉片點燃靈感。不過鴉片向西傳入西歐、向東傳入中國，最早靠得卻是阿拉伯商人建立的陸地貿易網絡。

大眾的鎮靜劑
純鴉片膏自罌粟果實切開的傷口流下，是海洛因與嗎啡的原料。在被太陽曬乾之前，流出的鴉片膏就會先被刮取起來。

海洛因於1874年，在德國首次提煉出來。初期試驗中，某些參與者提到這東西讓他們覺得自己像個英雄（*Heroisch*，德語），而有了海洛因（Heroine）的稱謂。很快地，海洛因拿來代替具成癮性的嗎啡上市販賣。當美國人以此治療惱人咳嗽時，才發現藥方居然會讓使用者有成癮現象，成癮的原因正是成藥中所含的海洛因。但要到五十年後，因軍中嗎啡與海洛因的濫用成癮問題，才讓美國政府警惕起來。1971年一份提交國會的報告指出，當時美國參加越戰的軍人中，15％出現海洛因成癮現象。最近的例子則是俄羅斯，它是目前海洛因成癮人口最多的國家，因阿富汗戰爭結束後，大量海洛因成癮的士兵回國。二十世紀結束時，西方世界計有八百萬年青人是海洛因成癮受害者。

不過沒有任何國家可以與二十世紀初的中國相比。這個國家的人民深深地陷入鴉片醉人的魔咒而無法自拔，大約四分之一的成年人或多或少都使用過鴉片製劑。人類史上從沒有出現過如此規模的毒癮泛濫現象，也沒有哪種麻醉劑能造成如鴉片給中國的巨大災難。當時鴉片深深地滲入中國社會每個層面，使全國上下脆弱而容易傷害，最後淪為侵略者，如日本，眼中的攻擊目標。

讓中國陷入成癮災難的源頭並不在國境以內，而是來自印度。許多殖民企業聯合控制鴉片供應鍊，讓印度鴉片生產者與中國消費者同時受苦受難。操縱這一切的幕後國家勢力主要是英國、法國與美國為首的西方國家。任何一位執著的歷史學者都能追尋到問題的源頭。1490年代，當葡萄牙探險家瓦斯科・達伽瑪

治療與死亡

✦

鴉片常被用在醫療過程，它是二十五種植物鹼的來源，包括罌粟鹼（Papaverine，治療腸道疾病）、維拉帕米（Verapamil，心臟病用藥）、可待因（Codeine，為治療咳嗽與感冒的止痛劑），以及嗎啡（Morphine，主要用來止痛）。與其他天然藥物不同的地方在於嗎啡無法經由人工化學合成，只能從罌粟中採取。海洛因最初也是合法的藥物，但目前絕大多數國家禁止使用。

首先率領船隊，繞過好望角，進入蘊含巨大商機的印度洋開始。達伽瑪是開闢西方到東方海洋貿易線的先鋒，當時的歐洲人還存有種毫無根據道理的想法（雖然這樣的想法到了四百年後的今天，依然沒有太大改變），認為非洲、印度與整個東方世界，都住滿了一大堆愚笨、沒有文化的原始部落人民，想要說服他們交出珍貴的香料與貴金屬，來交換便宜的珠寶與不實用的小藝品是很容易的。而歐洲人也假設「東方世界」會相當讚賞西方的優越科技。

達伽瑪一路航經非洲、印度與中國，這是一條充滿各種貿易商品的航線，有鹽、黃金、象牙、黑檀木、奴隸、瓷器、瑪瑙、珠寶以及絲綢。很快地，葡萄牙與伊比利半島上的好姊妹西班牙，便聯手獨占這條海洋貿易路線，在東西方之間交易各種日常商品。不可避免地，荷蘭、法國、英國貿易商也開始使盡力氣擠進這個市場。

當非洲國家與印度大開門戶與西方國家做生意時，此時的中國卻一直是個沉悶的貿易夥伴。自給自足的中國滿足於自身的絲綢、瓷器與茶葉，除了西方人帶來的銀塊之外，事實上中國對西方幾乎一無所求。1793年，英國特使馬戛爾尼伯爵出使中國，期望建立貿易特許權。這位特使是一位老式學院派人物，發現自己的談判對手是難以理解的東方封建官僚。一開始，他以為自己只要小露一手西方世界的優益產品與技術，便足以勸服中國敞開貿易大門。

但中國的滿清領導人可沒這麼容易誘騙上當。雖然他們被獻上的西方機械鐘逗得樂不可支，卻依然把頂著英國伯爵頭銜的馬戛爾尼所帶來的貿易請求，當成地方總督等級的瑣碎上奏。那時的中國將王朝放在世界中心的位置，穩定、安全、自給自足。一位中國代表官員以充滿同情心的語調，私下告訴馬戛爾尼說：「你們孤立偏僻的小島，被荒涼的大洋隔離於世界之外。」然而，最令人驚訝的是在短短五十年後，中國運行了數千年之久的政治與社會系統，便幾乎臣服在來自海外的鴉片之下。

嗎啡

◆

嗎啡在十九世紀初期由斐德烈·威廉·賽特納自鴉片中分離出來。他引用希臘夢神墨菲斯（Morpheus）的名字，將自己的發明命名為嗎啡（Morphine）。當時主要的合法鴉片生產與交易在印度，並僅限於醫藥用途。其它生產的國家還包括法國與土耳其等國。到了二十一世紀，主要的鴉片生產國則是阿富汗，以及緬甸、泰國、越南、寮國、巴基斯坦、墨西哥與哥倫比亞。現代鴉片的生產被認為是造成西方國家一連串社會問題的主因。不過在某些偏遠地區與國家，如阿富汗，使用鴉片依然被當成是種可接受的休閒習慣。

毒害人民

中國政府的抗拒，重挫了西方國家欲貿易獲利的企圖。但他們陰險地打開另一條貿易路徑。他們從葡萄牙擁有的巴西農場運出煙草，從英國掌握的孟加拉輸出鴉片，兩者組合成一股強大而致命的力量。英國的羅伯特·克萊芙在1757年的普拉西戰爭中，領軍打敗原本統治印度的蒙兀兒帝國（最後的蒙古帝國），並控制孟加拉的鴉片生產。後來克萊芙卻成為鴉片癮君子。這時，英國東印度公司在英國政府的保護下，組織起在印度收購鴉片原料的貿易系統，並直接在當地加工成鴉片煙。鴉片農奴在東印度公司奴役之下工作，沒有任何帶走鴉片的機會。成品直接運送到港口，雇用獨立航運公司的快船運往中國。雖然東印度公司的行為，根本就是種壟斷市場並偷渡毒品的經濟犯罪，但他們巧妙的營運手法，讓公司規避任何偷渡毒品的指控。當船隻在中國港口溜進溜出時，越來越多的中國官員接受賄賂，讓上級官員察覺不出鴉片貿易的進行。東印度公司在鴉片貿易裡不只壟斷貨物供應，也掌控了價格決定權。

十八世紀的鴉片貿易是個瞬息暴利的事業，一如二十一世紀的古柯鹼（請見古柯，70頁）。貿易商們很快地便嗅出充滿金錢的市場。當生產鴉片的競爭者從印度中部往西逐漸擴散時，土耳其鴉片則前進新大陸，將產品經過美國商人的船運進入美國。越多這種貨物湧入美國市場，價格便日漸低廉，成癮者也隨之日漸增加。

中國政府當然採取對抗措施。皇帝早在1729年下旨禁止鴉片煙，但鴉片已滲透得太深太廣，從社會的每個層面動搖了這個國家。而中國政府反抗毒品偷渡的動作，反而撞上英國的砲艦外交手段：1840年代與1856年，英國在本國商會的要求下，派

消遣藥品

許多殖民地居民無法抗拒鴉片煙的吸引力，特別是年輕女人將點好煙管奉上時。羅伯特·克萊芙人稱「印度克萊芙」，是英國在印度建立殖民地的關鍵人物，也無法抗拒鴉片醉人的魅力。

瓶上信

撤出市場之前，海洛因被德國拜爾大藥廠加進咳嗽藥水裡，當做不具成癮性的成藥販賣。

送軍艦確保本國商人的「貿易權利」。當時中國衰弱的軍事力量無法對抗英國軍隊，打輸了這場鴉片戰爭，也導致鴉片更加快速地湧進中國市場。

這時，中國的人口已經來到四億三千萬。清帝國長期穩定的統治（自1644至1912年），仰賴滿洲皇帝的勵精圖治，讓中國繁盛發展，人口隨之快速增長。但也讓此時的農民掙扎著生產更多糧食來養活增加的人口，雪上加霜的是，被鴉片癮纏上的他們變得更加衰弱無力。也讓1850年與1864年的兩場大革命發生得理所當然。其中太平天國革命占領大片土地，驅逐地主，重新仗量、分配、開發土地給社會大眾。

外國勢力

衰弱的滿清政權不得不向他們一向鄙視的外國勢力求助，以求盡快打敗革命者。他們向法國、美國、英國等國招手，尋求後勤物資與技術援助。這些外國人當然很樂意協助，特別是因為有利可圖。他們要求中國簽署後果嚴重的貿易特許權，包括鴉片合法化，這時有求於人的滿清政府也只能不情願地屈服了。

鴉片毒癮無疑地溜進中國的每一個角落，並破壞政權的統治效力。到了十九世紀末，中國已經成為一個嚴重衰敗的國家。1912年，最後一任皇帝溥儀被迫退位，為清帝國的國祚劃下句點。他在1967年以一位謙卑的小小文職人員身分過世，那時正值另一場農民運動，即文化大革命。中國一直到了第二次世界大戰才擺脫鴉片的糾纏（請見稻米，144頁）。

現在，輪到西方世界面對一個比鴉片更具破壞力的毒品——海洛因。二十世紀初期，海洛因在美國與西歐國家漸漸成為頗受歡迎的休閒藥品。一開始，這種毒品貿易直接從飽受鴉片肆虐的中國開始。設立化學實驗

惡夢連連
1870年所拍下的一名鴉片煙客。鴉片的散布對中國經濟帶來災難性的後果，引發一連串農民革命，甚至引導共產主義的興起。

室生產海洛因，並透過犯罪組織行銷，特別是中國幫派三合會，他們聰明地一面販賣毒品獲利，一面透過洗錢來漂白販毒所得。第二次世界大戰的爆發，一部分因為美日之間的激戰，一部分也由於中國共產黨勤奮不懈地清除幫派組織，隨之中斷了這條由東至西的毒品貿易線。

火力優勢
1841年鴉片戰爭期間，在海軍上尉霍爾的指揮下，英國軍艦復仇女神號（HMS Nemesis）對抗裝備落後的中國平底船。

二戰結束後，海洛因貿易轉而落在義大利黑手黨與拉丁美洲的毒梟手中，到了二十世紀末期，遠東地區的阿富汗也一同加入。

緬懷先人

罌粟故事的結尾，罌粟花再度與知名的虞美人扯上關係，它們的英文同樣俗稱為Poppy。1912年，一位名叫莫伊娜・貝莉・麥可的女教師向朋友兜售絲綢製成的罌粟花，將所得款項捐助戰爭中受傷的軍人。此舉讓罌粟花成為紀念軍人的象徵。莫伊娜選擇罌粟花的靈感來自加拿大軍醫約翰・麥克雷在第一次世界大戰時寫下的這句詩：「如果你遺棄了死去的我們，我們不會安眠，就讓罌粟花盛開在法蘭德斯原野上。」（譯註：詩中的罌粟花為當地俗稱，指的是法蘭德斯紅罌粟[Flanders red poppy]）。

上街走走吧

◆

鴉片與衍生出的鴉片酊（laudanum）在十九世紀文學作家間是很受歡迎的娛樂藥品，包括湯瑪斯・德・昆西。1821年他出版《一個英格蘭鴉片客的自白書》後，一夕之間成為家喻戶曉的人物。他在牛津大學就讀時便開始服用鴉片，每當因此感到昏沉恍惚時就上街走走，「我得在人行道上邁開步伐，身體才能舒暢，我會至少走個13-16公里，最多走上24公里」。他在任何天氣狀況下都不帶帽子，本著對自身精神的信賴在人行道上甩掉體內的鴉片成分。

致命植物
等著加工製成海洛因的純鴉片。人類將優雅且無辜的罌粟花轉變成為世上最具致命吸引力的藥物。

黑胡椒
Piper nigrum

原生地：印度

類 型：熱帶常綠藤本植物

植株高：可達7公尺

◆ 食用
◆ 醫療衛生
◆ 商用
◆ 實用

黑胡椒曾一度是廚房裡最有價值的香料。銀行產業得以在威尼斯立足，某種程度上還要歸功於獲利豐厚的胡椒貿易。

胡椒粒粗金

許多位於地中海國家和島嶼的古建築，都是代表超級強權國家統治歐洲達幾個世紀的文明遺跡。中世紀時，這些國家的水手乘著會滲水的小船隻，組成小型艦隊探索大西洋。他們被驅策搜尋某種植物，即胡椒粒的來源，沒想到因此發現了美洲。

在傑弗里·喬叟知名的十四世紀短篇小說《坎特伯雷故事集》（*The Canterbury Tales*）裡，主角們剛踏上旅途時，這位英格蘭詩人作家便把他們安置在倫敦市裡粗鄙的那一面，也就是南華克區的胡椒巷。

胡椒巷、胡椒柵門、胡椒街，似乎每座歐洲中世紀城市，都至少以這種常見的苗圃香料命名了一個地區。為什麼呢？因為除了妓院、鬥熊（譯註：中世紀的娛樂，縱犬與被鍊子綁起來的熊打鬥）、廣場和公共浴池，每座城鎮也都有一條香料街，也就是香料商人雲集販售商品的小巷。而市場上的香料之王，亦即最昂貴的商品，就是胡椒。

在所有香料中，辛辣的胡椒可能是唯一一種香氣可以凌駕於中世紀街道日常惡臭之上，而被人輕易察覺的產品。然而，普受歡迎的詩人與讚美詩作家威廉·考珀的《桌邊文談》（*Table Talk*，1782）中寫道：「……那奉承的桂冠詩人以頌歌支付他的免役稅，他那渺小如胡椒粒的讚詞」，胡椒粒卻變成象徵微不足道的小東西。香料之王的價值大幅跌落，轉而僅能代表無

足輕重的零碎數額、一些地方象徵性的微薄租用費；這個字也溜進軍事用語，從大炮中射出的鉛彈碎片被用來描述成「如胡椒粒般灑向敵人」。而瑞典人要打發某人時，常說「滾去長有胡椒的森林裡」，另外，威爾斯人也會將健談的鄰居形容為講起話來喋喋不休、活像只胡椒研磨器。

考珀大筆一揮所寫的這些文字，發生在東方國家一樁歷史性事件後：英國人在羅伯特・克萊芙（又稱為印度的克萊芙）的領導之下，才剛擊敗孟加拉的蒙兀兒（蒙古人最後建立的帝國）領袖西拉吉烏德多拉王公（譯註：印度帝國的地方行政官，此戰為普拉西戰役，戰後英屬東印度公司獲得巨大利益）便開始收取新領土的稅收。因此，歐洲人終於能在印度取得良好的貿易形勢，胡椒的取得也遠比過去容易得多。

水手的胡椒

黑胡椒粒這種不起眼的皺巴巴小顆粒，是藤本植物黑胡椒（*Piper nigrum*）的果實，黑胡椒在印度的部分野外地區仍生長著。靠木樁或棚架支撐的藤蔓，會在第三年產出長長的帶狀小果實，接下來約十五年間都會持續結實。其果實，或稱胡椒粒，成熟時會轉為紅色。摘下後加以浸濕，胡椒籽外層的覆蓋物（所謂的果被）就可被磨掉，露出裡面的白色胡椒粒。另一方面，藉由採摘未成熟、仍被果被包覆的果實，並將其在陽光下曬乾而皺起，便可得到黑胡椒。

對印度當地人而言，胡椒藤不過是許多食物調味的香料之一，但胡椒粒對於中世紀的歐洲人來說，卻是必要的烹飪原料。在廚房裡，胡椒粒就像廚師能用來保存肉和蔬菜的鹽一樣極其重要。每戶農家都有進行醃製用的料理臺（被掛在廚房樑上鉤子之前，肉的每一面都會在厚石板上塗鹽醃製）。每位佃農都有自己的食鹽保藏櫃，放置在靠近壁爐的櫥櫃以保持乾燥，而每間廚房也都有胡椒罐，有時是滿的，但通常空空如也。胡椒對中世紀菜餚的重要性，使其要價高

過任何香料十倍以上。

　　據說沒有一位自重的十七世紀水手，會忘記戴上一只金耳環就出航。金耳環是一件能交給同船水手的重要物品，以便在有需要時可辦理一場像樣的葬禮，而這也是經常會發生的事。但海事考古學家已發現，水手們更有可能必備的是一小袋珍貴品：黑胡椒。

威尼斯商人

從生產源頭將胡椒帶進胡椒罐裡的陸路貿易既漫長又艱鉅。胡椒最初能在印度商店街裡買到，由騾子或馱馬負載運上巴基斯坦山麓，進入阿富汗，穿過伊朗、伊拉克與敘利亞，從那裡通過土耳其運輸。或是以陸路行經巴爾幹半島各國，再到十六世紀的貿易樞紐：威尼斯。

　　義大利北部的小部落維尼蒂對羅馬帝國的忠誠得到了回報，羅馬統治者的贈禮是義大利東北部亞得里亞海沿岸地區的沼澤地與島嶼潟湖。雖然容易受到哥德人與匈人的不時入侵，當地還是因為位處香料豐沛的東方與渴求香料的西方之間而昌盛起來。到了西元九世紀，維尼蒂人在領導者的帶領下，建立起城邦國家聖馬可共和國，它更為人熟知的名字是威尼斯。

今日的威尼斯是個小而優雅的城市，向外眺望著固定會侵襲街道的海洋。到了十六世紀初期，船夫操作著堅固的商船而非噴漆的花俏平底狹長小船，這些船讓威尼斯成為自古雅典統治海洋以來，最強大海洋帝國的尖兵。

威尼斯人管轄著「威尼托」行政區，包括貝加摩、布雷西亞、帕多瓦、維洛納及維辰札等頗有收益的城市，並占領了大片達爾馬提亞的海岸線，及克里特島與塞普勒斯島這些蓬勃發展的貿易小島。如今，一度佇立於君士坦丁堡競技場裡的青銅馬匹，這曾象徵了拜占庭帝國強權的工藝傑作，已經被遷移至威尼斯的聖馬可廣場：威尼斯人自十字軍戰士洗劫君士坦丁堡中獲利。那些青銅器屹立如故，象徵著拜占庭的挫敗。

當城市裡荷包鼓鼓的富商建造起豪華的宮殿與精美的教堂，以感謝上帝賜予胡椒以及其他商品，該城市的神父們也努力設法到處搬移他們驚人的財富，也因此發展出初期銀行系統。儘管幾條官方法令反對高利貸，義大利的梵蒂岡銀行家卻是中世紀世界最有成就的，而佛羅倫斯人科西莫·德·麥弟奇則精明地管理麥弟奇銀行，在日內瓦、倫敦、羅馬、米蘭、比薩，當然還有威尼斯，開設了「分行」。

當新興的鄂圖曼帝國著手扼殺威尼斯貿易時，這些銀行才開始陷入困境。於是西班牙人、葡萄牙人、法國人與英格蘭人目光飄向他處尋找這昂貴的香料。葡萄牙人冒險橫跨印度洋，航行繞過好望角到香料來源地採購，而西班牙人則駛向美洲。胡椒的價格不斷上揚（一度與黃金的價格相提並論），在哥倫布還沒動身航往印度群島前，這些威尼斯銀行已然破產。

血淋淋的香料

✦

另一種著名的香料丁香（學名 *Syzygium aromaticum*），並非來自印度，而是傳說中的香料群島，即位於印尼東部的火山群島嶼摩鹿加群島，包括蒂多蕾島、安波那島（即安汶島）以及班達群島。十七世紀這類香料貿易，包含肉豆蔻籽和肉豆蔻皮，被荷蘭人積極地監守著。在從葡萄牙人手中強取這些島嶼後，荷蘭人便禁止此植物出口，並摧毀過剩的樹木以維持壟斷事業。1623年，英國試圖在安波那島建立交易站與之競爭，最終以「安波那大屠殺」（Amboina Massacre）收場，英國人被審判並處決。

黑胡椒

黑胡椒這種藤本植物會生產稱為胡椒粒的果實，在未成熟時摘下並於陽光下曬乾，表皮會皺起並轉為黑色。

變化是生命的特有香料，
賦予它所有的風味。
——威廉·考珀，《任務》（*The Task*，1785）

英國橡樹
Quercus robur

原生地：歐洲、俄羅斯、亞洲西南部、北非

類　型：落葉喬木

植株高：40公尺

 食用
 醫療衛生
 商用
 實用

被用來建造城堡、宏偉主教教堂與主力戰艦，巨大的英國橡樹即使在人類的辣手摧殘下，大多數還能倖存下來。但遇到葡萄酒業，它那可被製成軟木塞的近親栓皮櫟（cork oak）就沒有這麼幸運了。

橡樹之心

十九世紀時，它是種有限資源，能被應用在幾乎每一件事物上，從建築、交通運輸、燃料，到染色、包裝，以及製造裝載數百萬加侖的啤酒、葡萄酒和烈酒的桶子。少了它，工業界無法運作，但也因此即將被消耗殆盡。這種寶貴的資源就是橡木。

依據某些資料顯示，這種森林王者可存活超過一千年，成長至高達40公尺。成熟的橡木常常是許多野生物種的住所。一株可以被直接用於興建建築的橡樹，可能需要長達一百五十年的成長時間，但這個等待非常值得。海軍上將納爾遜將軍的旗艦，也就是於1759到1765年耗費六年時光建成的勝利號（HMS *Victory*），便使用了五千棵成熟的橡樹。

以這樣巨大又長壽的樹木而言，橡樹出奇地不易自然繁殖。首先，它可能會花上整整五十年產生第一批橡實，其內含有種籽。其次，數以萬計落下的橡實中，絕大多數會被動物吃下肚，不然就腐爛掉。因此，得靠健忘的松鼠或松鴉為了未來存糧而埋下它們，這鄉間巨木的生命週期才得以延續。

英國橡樹（*Quercus robur*，又名夏櫟）的故事，是我們最早期關於環境保護的成功故事之一。在人類還沒出現的情況下，橡樹茂盛地成長。迅速增長的人口使它承受越來越

大的壓力。橡樹大約於六千六百萬年前，與北美紅杉和南方山毛櫸一同出現在地球上。一百萬年前，這種樹遍生於歐洲大陸，雖然在這之後，因為人類開始砍伐而逐漸萎縮。

五千五百年前，橡樹被製作成新石器時代的建築物或圈欄，並在五百年後，被製造成青銅器時代技術突破性發展的象徵，也就是輪子。以橡樹的丹寧酸鞣製而成的動物皮更經久耐用。橡木被加工轉化為木炭，質輕、便於攜帶，而且能將溫度加熱到足以冶煉貴金屬。當羅馬人開始橫掃歐洲以掠奪他們新領土的天然資源時，便將橡樹變成堡壘與船隻的龍骨，大量的木炭用來提煉鉛、銅、青銅、鐵、錫、金與銀，以致於英國南部的橡樹幾乎消失了。

黑死病所造成的人口銳減，提供橡樹短暫的復甦，但老橡樹林已經大量消失，只在原處留下曾有的林地痕跡與少許能屹立的古樹。比德（譯註：英國修士、編年史家及神學家，著有最早期的英國史）曾提到，603年一群主教與學者在「聖奧古斯丁的橡樹」下舉行會議，而「主橡樹」則被認為在英格蘭的雪伍德森林裡生長了約八百到一千年。

樹木的消亡促使約翰·伊夫林於1664年寫出最早的保護指南《林木誌——森林論》（*Sylva — A Discourse of Forest Trees*）。他吟誦「樹木，慢慢茁壯吧，為了我們子孫的蔽蔭。」

庇護生輝
橡樹獨特的圓形林冠，使它在陸地景觀中鶴立雞群。它的強度與耐久性也保障了它未來的生存。

森林中的孤獨王者

橡樹就像加州紅杉一樣獨特，與波札那共和國的猢猻麵包樹（baobab，木棉科植物，樹枝似插入天空的樹根，又稱倒栽樹）一樣具象徵性，其永續性可比澳洲桉樹（此指原產區的桉樹），而它結實耐用的程度就好比，嗯，橡樹一樣堅固。以橡木為骨架的房子柔韌有彈性，足以在地震與龍

那些灰色、多瘤、低額、折膝、鞠躬、彎腰、巨大、奇怪、畸形的橡木男子們，站立著觀望了一個又一個世紀。
——法蘭西斯·基爾弗特，《基爾弗特的日記》（*Kilvert's Diary*，1870-1879）

MAJOR OAK,   AGE 1,500 YEARS, GIRTH 35 FEET, BASE 64 FEET.

老人家
在諾丁罕森林中埃德溫斯托村附近的「主橡樹」（Major Oak），攝於1912年。這株老橡樹樹圍長10公尺，據說羅賓漢曾藏身於它的木質褶皺內。

長翅膀的朋友
參天大樹從小小橡實長起。橡實是松鴉最喜愛的食物，牠們會把囤積的橡樹種籽埋藏在森林地下。

捲風的肆虐後挺立。木料堅若鋼鐵，失火時也較安全（鋼會彎折變形而崩垮，橡木則僅會靜靜悶燒）。這些寶貴的特質，使其得到如橡樹之心、森林之王、一國之君的稱號，並如詩人愛德蒙・斯賓塞所描述的「造者橡樹也，群森中唯一王者」。

橡樹從未被輿論打倒。都鐸時代的英國奠基在橡木之上。它驅動了工業革命初期（與誇大的輿論相反，鋼鐵製造業者並沒有大量毀滅橡樹，以供應工業熔爐運轉，反而以永續資源的概念管理，節約地使用），也讓英國海軍得以配備強大船艦，將英國變成殖民地開拓者，當維多利亞女王於西元1901年去世時，這星球上每四人就有一位被英國統治。

在不超過五十年的時間，英格蘭橡樹林又再度近乎毀滅。這一次是因為第一次世界大戰的爆發。「空前戰爭帶來幾乎一掃而空的砍伐……大量上好的橡木」，1924年一份英國森林勘測報告記述。一位年老的伐木工人更直白地說：「你找不到那些過去常有的可愛老樹了。」

橡樹是永續木材的來源，對氣候的寬容性一如對待建築業者，到二十世紀末期，橡樹還是迅速地長回來了。「做為一棵樹或一種木料，橡樹的未來都是一片光明，」《橡樹——一段英國歷史》（*Oak—A British History*，2003）的作者們總結道。

對於葡萄牙南部的栓皮櫟而言，情勢恰恰相反。長達三個不間斷的世紀，我們採取它們的樹皮加以利用。有些人相信是一位名為唐‧培里儂的法國修道士發明用軟木塞為葡萄酒封瓶以存放多年，而讓葡萄酒貿易有了巨大的成長。一片片樹皮從活樹上被剝離下，雖然留下疤痕但不會產生永久性的損傷。這一片片厚實近半圓筒形的樹皮，會先潤濕並壓平，而數以百萬計的瓶塞便由此產生。另外，廢棄的軟木被用於地磚、隔熱材，以及製成瓶裝啤酒瓶蓋內側的密封軟墊。

「在第二次世界大戰尾聲時，駕車穿越南方駛上好幾里，眼前除了栓皮櫟以外什麼也看不見」，一名工人回憶道。「但即便如此，還是有跡象顯示軟木熱潮即將結束，因為逐漸出現塑膠封材、塑膠「木塞」，還有螺旋瓶蓋。西元2000年，葡萄牙每天仍然生產四千萬個軟木塞，縱然龐大的軟木樹林還覆蓋在歐洲中部與南部的大片地帶，但它們都面臨著不確定的未來。

復甦與栽種

◆

葡萄牙的栓皮櫟森林每年可吸收的二氧化碳相當於18.5萬輛汽車排放量，林木的消失將使氣候變化趨於惡化。早在1664年英格蘭的日記作者約翰‧伊夫林出版《林木誌——森林論》時便已發表對傳統林地遭破壞，以及進行永續管理的關注。伊夫林將橡樹短缺的原因部分歸咎於「農耕地的不平衡擴張」。這本書鼓勵保護樹木，並應發展永續收益的概念。

裝瓶
葡萄牙南部的栓皮櫟以永續經營的方式生產軟木塞，已逾三世紀之久，這得感謝葡萄酒貿易之賜。但是如今地中海栓皮櫟也開始進入一個不確定的時代。

野玫瑰

Rosa canina

原生地：歐洲、北非和西亞

類　型：帶刺蔓性灌木

植株高：可達3公尺

玫瑰是美國歷史最悠久的觀賞植物，隨著第一批專業花卉團體而生，成為郊區花匠們的最愛。在十九世紀日益增長的園藝熱情中位處核心。

成功芳香

馬來西亞的沙蓋游牧部族或許會難以理解某些近代習慣（譬如人壽保險或是駕駛一個裝有座椅的鋼盒去工作），但就如同我們一樣，他們也能體會氣味的重要。從馬來西亞的新鮮河魚到墨爾本的外賣咖哩，世界各地的商品都依賴它們聞起來的味道而銷售。人類的嗅覺不如狗、貓，或是能聞到遠在七哩外交配對象的天蠶蛾（cecropia moth），但香氣是個通用語言：現代女人在邁入紐約夜晚之前，會以指尖在手腕內側輕拍上香水，而兩千五百年前的古代波斯，女性祖先們也做著大致雷同的事。

◆ 食用

◆ 醫療衛生

◆ **商用**

◆ 實用

玫瑰精油正是始於波斯，即現今的伊朗。根據傳說，有一位公主在她的婚禮盛宴中注意到水塘裡放置了一堆玫瑰花瓣，在烈日下滲出芳香的油。波斯（以及更晚近的印度、保加利亞與土耳其）的玫瑰油，主要是萃取自大馬士革玫瑰（damask rose，學名 *R. damascene*），並成為香水製造業者的首選花朵。直到現在它依然十分昂貴，25毫升的液體需要差不多一萬朵花。

約翰·傑拉德在《草藥集》裡寫道，野玫瑰（又名犬薔薇，學名 *R. canina*）是給「製做水果餡餅和這類菜餚為樂的廚師與淑女」的禮物。但是對中世紀自耕農之妻而言，不僅僅是那香氣說服她在菜園中的芥菜和豌豆間培植一兩朵的玫瑰，更是因為它的藥用價值。她知道將藥劑師玫瑰（Apothecary's rose，學名 *R. gallica var. of ficinalis*，譯註，紅色法國玫瑰）的花瓣壓縮成珠狀

可做成所謂的「玫瑰念珠」，也了解十字軍戰士帶回的英格蘭大馬士革玫瑰，能做為急救護理用花，可治療咳嗽、感冒、眼部感染，同時據約翰‧傑勒德表示，還能讓傷口止血。此外還有淡粉色的灌木樹籬玫瑰（*R. canina*），適合治療被兇暴的狗咬傷，它的葉子可當瀉藥，種子可做利尿劑，果實則是含有豐富的維生素C。甚至在第二次世界大戰期間，英國學童還被派去搜索它們（這些學童的年產量達226公噸）。玫瑰的療癒特性也是芳香療法中的主要賣點：它的鎮靜特質據說有益於哀悼者和憂鬱症患者。

芳芳的完美
玫瑰是芳香玫瑰油的來源，眾多玫瑰都有共同的祖先：歐洲、亞洲與北美的野生玫瑰。

今日，新的品種（有些具有稀奇古怪的名字，比如南非的「百老匯燈火」與「追逐虹彩」）加入後，已約有一萬六千種玫瑰品種。它們全起源自歐洲、亞洲和北美的野生玫瑰。這些花期短暫的香甜原生花朵已然消逝，而它們人工栽植的後代品種，花期依然不常，1648年，羅伯‧海瑞克在他的詩作〈致少女，莫負韶華〉（*To the Virgins, to Make Much of Time*）裡勸告：

摘取妳們的玫瑰花蕾吧，趁妳還能夠
時光這老東西仍然不停地飛過；
此花今日仍歡笑，
待到明日將凋亡。

這一切都即將隨著中國玫瑰的到來而改變。十八世紀晚期，商人來到廣州的芳堤苑苗圃，傳說中的繁花之地，發現花盆裡的玫瑰植株到了秋天還在開花。很快地，這些中國雜交種便運回商人的家鄉進行雜交繁殖。

歷史中充滿了名流，也多虧他們的聲望與銀行存款，才能愜意地在自家玫瑰花園間流連徘徊。美國第三任總統湯瑪斯‧傑佛遜在十九世紀初期改建蒙提瑟

貪心的植物

◆

玫瑰對大量施肥有良好的反應。「對糞肥貪得無厭」，十九世紀的園丁詹姆士‧雪利‧希伯德曾經這麼忠告。當時業餘玫瑰種植者仍然依賴著希臘人就已使用的肥料：糞肥與蔬菜殘渣。1840至1890年間，則是由堆積如山的海鳥糞所取代。鳥糞從南美運送到歐洲與美國，直到英國人約翰‧貝內特‧勞斯這位把臥室改裝為一間實驗室的人，發現如何以磷酸鹽為基底創造出合成肥料。

洛庭園時，便在本地品種旁為他最喜愛的法國玫瑰（Gallica roses）與多花薔薇（sweetbriar）騰出空間。二十世紀初期，法國的卓新·卡瓦洛博士修復維朗德里城堡時（與一位美國女繼承人的婚姻獲得資助），結合了玫瑰與三萬種蔬菜，打造出世上最奇特的蔬菜花園。但如同香豌豆（請見香豌豆，118頁），那些業餘園丁在後院、出租農園（譯註：政府租給人民種植用的小塊田地）以及擠在建築物間的法式城市花園裡，對玫瑰培植有著重大貢獻。

鄉間美色

畫家海倫·阿林厄姆的作品為農舍玫瑰的魅力賦予人性。阿林厄姆（生於1848年，婚前原名是海倫·派特森）是約翰·羅斯金（英國維多利亞時代著名藝術評論家）、阿弗雷德·丁尼生爵士（英國維多利亞時代桂冠詩人），以及但丁·加百利·羅塞蒂（英國詩人畫家）之友，她曾於倫敦的女性藝術學院就讀，在嫁給五十歲的愛爾蘭詩人威廉·阿林厄姆（當時她二十五歲）前，靠為雜誌和書籍繪製插圖維持生計。一開始她獻身於家庭，在1881年舉家搬到薩里郡的沙丘之後，開始致力於一系列鄉間小屋繪畫，這些畫成為阿林厄姆的標誌。她描繪出一個平靜的世界，美麗的婦女們在夕陽下工作，倚著玫瑰盤繞的農舍門廊閒話家常（撇開浪漫主義不談，阿林厄姆心疼薩里郡的老舊農舍小屋，被麻木不仁的住宅改建者改造成中上階級住宅區，因而試圖在它們消失之前記錄下當地的細部景色）。阿林厄姆的藝術作品捕捉到從根特（比利時第二大城）至蓋茨堡（美國賓州南部大城），被花園的狡黠魅力所蠱惑的業餘園丁們，投身於玫瑰栽種的這段時期。

海倫·阿林厄姆
〈母親與孩子走入小屋〉（A Mother and Child Entering a Cottage）。阿林厄姆（見上圖）以畫家的目光，而非透過樂觀的玫瑰色鏡片，記錄了薩里郡被玫瑰覆蓋的老舊小屋。她在這些足以做為鄉土建築典範的老房子，被搬出倫敦的通勤者改建成住宅區以前，留下畫作。

「若這個人的花園裡養有美麗的玫瑰，他的心中必定也有美麗的玫瑰」，被阿爾弗雷德·丁尼生爵士尊稱為玫瑰之父的人如此斷言。後者是瀟灑的羅徹斯特司祭長與英國第一所玫

瑰學會的會長塞繆爾·荷爾。1860年
代，他被硬拖去諾丁罕的一場玫瑰展
擔任評審，他原先預期的是一系列華
麗又正式的展覽，由鄉間莊園的首席
園丁盡職地展列。相反地，他遇見一
群諾丁罕的出租農園使用者，當中某
些人還借用自家床鋪上的毛毯替寶貝
的玫瑰樣本遮霜擋寒。這場在卡斯卡
特丘大眾酒店舉行的展會，是英國首
場全國玫瑰展覽會。

　　整個十九世紀，這樣的展覽在歐
洲、美國、澳洲與紐西蘭（司祭長荷爾的姐妹住在此地）越來越受歡
迎。1840年代，英格蘭薩弗克郡的希徹姆地區曾因急劇增加的犯罪活
動而登上新聞頭條，此地的教區牧師約翰·韓斯洛牧師便提倡使用出
租農園，來減少犯罪浪潮。當地的農場主人擔心他們的雇工會在白天
偷懶，保留體力用在晚間的出租農園上，便威脅要將任何敢去租地的
人列入黑名單。明智的韓斯洛一視同仁地邀請了地主
與勞工參加那場偉大的平權花卉與蔬菜展示會。

　　如今，眾多苗圃栽培出超過1,400種不同的玫瑰
品種。玫瑰已經成為北美最古老的觀賞植物。費城在
1829年展辦了第一次的公開花展，羅伯·比伊斯特於
1844年趕製出他的《玫瑰手冊》（ *Rose Manual* ）以滿足
業餘玫瑰種植者的需求。

　　然而所有的一切都未能打動詹姆士·希伯德這
名園丁。「該在哪裡築起玫瑰園？要在門窗的視野內
呢？還是應該離得遠遠的？我們的回答是，遠遠的。
因為一座玫瑰園理應是一場花季裡的奇景，同樣地，
當時令不合它就是該避開的荒蕪地」。

玫瑰是紅色的

◆

空運來自非洲或南美洲的紅玫
瑰，讓美國的情人節約估製造出
超過9,000噸的二氧化碳。氣候
變遷的威脅促使哥倫比亞的花卉
種植業者，將資金投入開發自產
技術，以及永續園藝策略（員工
步行或騎乘自行車到太陽能加熱
的溫室裡上班），並設立了一個
公平貿易式的栽花團體，即「綠
色花卉」（Florverde，譯註：為
哥倫比亞花卉標章認證機構，此
標章為自願性出口標示）。規範
包括員工的社會福利計劃、最低
限度的水資源破壞，以及減少殺
蟲劑的使用。類似的團體也已跟
上其腳步。

遙遠的、神秘的、貞潔的玫瑰啊，
在我人生的關鍵時刻擁覆我吧。

——威廉·巴特勒·葉慈，《神秘的玫瑰》（ *The Secret Rose*，1899）

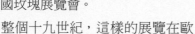

甘蔗
Saccharum officinarum

原生地：新幾內亞。現於熱帶、美國的亞熱帶，與南半球的新南威爾斯栽植。

類　型：熱帶、高莖、蘆葦般的植物

植株高：1.2-3.6公尺

◆ 食用
◆ 醫療衛生
◆ 商用
◆ 實用

海洛英、古柯鹼、酒精、煙草⋯⋯以及蔗糖。精製糖嚴重傷害人體健康由來已久，所造成的浩劫重大，無怪人們封它為「白死病」。

白死病

人類文明在蔗糖的缺席下安然度過數千年，但它一現身便讓許許多多的非洲人遭到奴役，並傷害了食用者的健康。

　　在西印度群島的甘蔗園裡，非洲奴隸們一面工作一面創作音樂。一如在棉花田與煙草田裡努力採收的同胞們，他們以歌曲穩定工作的節奏，這種音樂正是現代爵士樂與藍調的老祖宗。但有別於棉花與煙草，蔗農的步調快到幾近狂暴，蔗田奴隸的預期壽命只有煙草田奴隸預期壽命的一半。當蔗糖在毒害它的使用者時，同時也正殺害蔗糖工人。

　　糖雖是種古老的食物，但加工糖的方法卻是比較近代才開始發展。甘蔗從發源地新幾內亞以獨木舟運載或以漂流木的方式橫渡印度洋。單純食用甘蔗不僅在過去，現在也仍是一種佳餚。約兩千五百年前恆河畔比哈爾的印度人，掌握了把當地甘蔗精煉為純糖（白砂糖）的製程。蔗糖經過一段長而緩慢的旅程流傳到歐洲與西方世界：傳說在亞歷山大大帝時期後不久便流傳到希臘世界。

如果說薩克酒（一種西班牙甜酒）與糖是一種錯誤，上帝可也推了一把。
——威廉・莎士比亞，《亨利四世・第一部》（*Henry IV, Part 1,*・1597）

　　當精煉糖抵達歐洲後（1390年後期在斯堪地那維亞交易），威尼斯人控制了這門生意，就像他們控制全球香料通路一般（請見黑胡椒，154頁）。而如同香料貿易在他們手中的狀況，威尼斯人最終失去糖的

掌控，糖業北移，離開地中海到達歐洲北部。

伊比利半島收復失地運動是蔗糖歷史的關鍵時刻。此時基督徒將一度占領西班牙，並驅離傳授他們精緻園藝技術的穆斯林。理論上，收復失地後的西班牙統治者可以將敵人留下來的農耕技術應用到甘蔗種植與加工上。但當他們的注意力放到征服外國而不是滋養家園時，西班牙人選擇放棄投資農業發展，而轉進奴隸事業。

1490年代當穆斯林人被逐出西班牙時，哥倫布把甘蔗莖段或秧苗運到海地。同為殖民者的鄰居，葡萄牙人已開始開墾大西洋領地，特別是馬德拉群島。他們把葡萄藤混入當地的蔗糖農作，最終產出馬德拉甜酒。此時，西班牙人則帶著他們的甘蔗秧苗到加納利群島，最後抵達加勒比海地區。接著很快地就推出與往後三百年蔗糖貿易息息相關的另一種商品：非洲奴隸。從此至1850年代，糖與奴隸貿易便形影不離。

從前的歐洲不需要尋求奴隸，十七世紀歐洲的牛群與深犁技術農耕方法比人力更具有效率。但人類對糖的渴求，將勞動歷史扭轉到奴役的道路上。

除了我們體內殘酷的天性外，奴役被證實確有短期經濟利益，但也將造成長期社會災難。從世界某處偷取人類到另一個角落，並迫使他們工作至死，造成延續好幾個世代的深仇大恨。

如同本書所提到的許多植物，蔗糖貿易亦有著正反兩面的結果。特別的是當它出現在正確的市場，隨即轉變成極為誘人的商品，當它進入更多人的口中後，四處傳來的渴求就更熱切。

拉丁美洲到處都是滿出來的印加與阿茲提克珍寶供人掠奪，並重新分配到西班牙與葡萄牙，而西印度群島也提供征服者另一種小寶庫，為這些喜好甜食的歐洲人提供精煉糖市場。西印度群島包括巴貝多、牙買加、古巴、海地、格瑞那

精煉風味

人類藉由精煉植物，取得純度更高的最終產品。這種加工生產的歷史，已有許多世紀。但是精煉甘蔗造成相當多的問題。

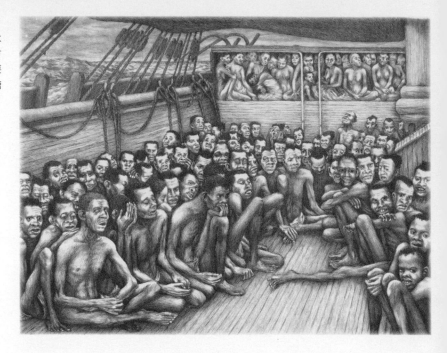

達等便成為種植與加工糖的島嶼，到了1660年代中期，巴貝多儼然成為排名第一的蔗糖生產者。1800年，輪到牙買加封為世界第一名出口者，古巴則在二十世紀中葉繼承蔗糖出口第一的功業。

1740年，當蘇格蘭詩人詹姆士‧湯姆森寫下新劇作〈阿佛列：一齣假面舞劇〉（*Alfred: a Masque*）時，他加進振奮的幾行句子：「統治吧，不列顛尼亞！統治這片波濤，不列顛人永不成為奴隸。」這數句後來變成愛國合唱，貼切又諷刺。1680年後，許多英國商人用財富買到自由。這些城市自由人經營著偉大的海港，如布里斯托、利物普與倫敦。他們以大量的貸款，以及來自交易糖與奴隸所得利潤的豐厚儲金支持當地銀行。錢借貸給農場主人以購買非洲奴隸，當地的精煉糖利潤則輾轉回饋企業。大西洋的三角航線在英國海港、西非奴隸港與西印度群島糖業港三地發展起來，稱為特拉法加三角，始於1600年代止於1800年代中期，當奴隸確立為非法為止。貿易包含了進入工業化時代，英格蘭中部所製造的槍枝、衣物、鹽與小飾品，運送至西非當地的貿易者。當船上裝載的衣服食物等貨物清空後，再重新用奴隸填滿。這些英國貨物換得從內陸抓捕或綁架的非洲黑人，他們魚貫地鏟在一起防範可能有人想要跳船（常有人選擇跳海自殺以終結未來被強

迫進行惡夢般的勞動）。在非洲與西印度群島間所謂的「中途航程」（Middle Passage）中，這持續幾個月時間的旅程內，順利存活下來的只有少數異於常人的倖存者（他們塞在甲板下無法移動空間，一個挨著一個地躺在難以想像的惡劣環境裡）。

三角貿易的終點，是這些可憐的倖存者被卸到岸上，轉賣給農莊莊主。船隻再次填滿蘭姆酒及蔗糖，運送回英國。英國是全球首先發展出特定甜食喜好的國家，例如喝不加糖的茶、咖啡與可可，是既不時尚也不可思議的事。他們也是最先踏上工業革命路途的國家（若是少了三角貿易的利潤，工業革命會嚴重推遲，甚至可能被另一個歐洲國家超越）。早在理查・特里維西克發明出他那炙手可熱的蒸汽火車頭之前，食用糖就已是英格蘭獨一無二、最重要也最吸引人的進口貨物。

蔗糖奴隸

字典裡奴役的定義（一個人對另一個人的擁有權）並無暗示奴隸主人可能對其加諸的羞辱。「奴隸通常被他們的主人使役，而主人掌握他們的性權力也是重

甜蜜的蜜蜂

✦

在精煉糖還沒問世之前，蜂蜜是天然的甜味劑，數千年來人們賦予蜜蜂相當的尊敬，如蜂窩主人的死訊會被正式告知他所豢養的蜜蜂（譯註：此為英國古老鄉野習俗，養蜂人會將家中重要消息告知蜂群，如新生兒誕生、結婚與過世等。實際做法則有替蜂房罩上黑布、敲敲蜂房或將蜂房移動朝向喪禮等）。但負責世上80%農作物授粉工作的蜜蜂正在滅絕。2006年蜂群崩壞症候群（Colony Collapse Disorder, CCD）的報導出現於北美洲。農業損失開始在歐美散布開來。蜂群崩壞症候群可能的肇因，包括棲息地破壞、殺蟲劑、基改作物、溫室效應、乾旱、蜜蜂飲食改變與行動電話基地台等。確實因素為何，目前仍困擾著科學家。

甘蔗種植者
1940年代波多黎各瓜尼附近的蔗糖園甘蔗工人。他們是英國壟斷奴隸貿易並導致社會問題的後代。

要元素」，這是百科全書裡對奴隸遭到強暴的委婉解釋。如此悲慘無道的工業不可能永遠存在。1792年的丹麥與1794年的法國都禁止了大西洋奴隸交易，同年美國立法禁止船隻用於奴隸貿易。1863年林肯總統簽發最後一條廢止奴隸制度的行政命令前，英國本土已在1807年禁止這項貿易，而英屬西印度群島在1834年禁止。1860年代的解放的確宣告奴隸交易為非法行為，但一直到1930年代奴隸仍持續從非洲賣出。法條並未讓奴隸制度消失在蔗糖農園裡，但經濟貿易趨勢卻辦到了。

十九世紀，農藝家曾對外貌醜陋的甜菜（ *Beta vulgaris* ），進行實驗。這種根菜類植物長久以來用於歐洲北方農場裡，餵養那些笨拙的禽獸以度過漫長的冬天。甜菜似乎在西元1200年，第一次在德國被馴化，六百年後，德國科學家法蘭茲·阿查德成功地從一種甜菜的根部提煉出約6%的糖分。德法等國抓住了它的潛力。受挫於英國在西印度群島對蔗糖的獨占，反而使他們成功育種甜菜，讓糖甜菜（ sugar beet ）之名廣為人知，成千上萬畝的歐洲土地專門用來栽植它們。

拿破崙隨即認為這笨重的甜菜能在與英國之間的戰爭中，成為有

孩童遊戲

奴隸制度廢止很久後的1915年，小孩子們喜歡且仍然在靠近科羅拉多史特靈的蔗糖田莊工作，花費在那裡的時間比在任何學校遊戲場上還要多。

用的武器，下令在28,000公頃的農地種起甜菜。抽取完糖分後的甜菜殘渣不僅可以拿來餵牛羊，另一項副產品糖漿還可以轉化為實用的酒精。而且種植它不需要奴隸。到了1845年，甜菜大大壓縮了西印度群島的貿易，最後幾乎使加勒比海貿易破產。雖然某部分糖莊主人破產了，但當中有很多人以及最初貸款給奴隸商人的銀行，都因得到「商業」損失補償而得以喘息。重獲自由的奴隸亦得到補償。但不僅只有奴隸貧困且筋疲力竭，過度使用的土地也是如此。

戰爭武器

當歐洲北部種植當做動物食料的甜菜，被證實含有少量但可供提煉的糖分時，拿破崙便在與富有糖產的英格蘭作戰期間，種植了數萬公頃的甜菜。

　　甘蔗的食量很大，一批甘蔗作物需要大量的肥料與水。在秧苗種下到甘蔗收成，甘蔗長得如同遍地生滿了高大草枝。收成時的葉子、甘蔗頭與甘蔗渣，有時會在甘蔗被砍下送去壓碎水煮加工處理前放火燒掉。這過程會產出大量蔗糖，一如提煉石油般，在進一步提煉出較輕的紅糖與黃糖之前，最先產出的是沉重而粗獷的黑糖，最後則是所謂的「耕地白糖」（plantation white）。當甘蔗被甘蔗刀切下或以機器收成後，老植物會長出新莖幹，稱「截根苗」（retoons），到農園地力耗盡前，還可以再持續栽種兩三個收穫季節。

　　用甘蔗替換原本無可取代的化石燃料，是個有潛力的發展方向。巴西的一項國家計劃便是種植大量甘蔗，生產甘蔗酒精以替代汽油。雖然這種燃料相比於汽油污染較低，但就如同黃豆（請見黃豆，84頁），兩種作物的擴張卻造成了亞馬遜森林的萎縮。

　　這種白色物體對我們的誘惑，與後續造成的社會代價持續在全球各處爆發。跨越邊境來到鄰邦多明尼加共和國糖業城鎮的海地移民，其工作狀況持續受到批評。而已開發世界則面臨大量攝取糖的另

古巴

✦

西班牙殖民地古巴於1762年被英國短暫侵略後，就成為食用糖的主要生產者。雖然非洲與中國「苦力」在1865年奴隸解放後繼續被非法奴役，食用糖的生產，特別是在古巴，還是漸漸走向機械化。到了二十世紀，古巴已成為世界最大的生產國，而美國則成為最大市場。但是由於美國國內產量增加，二次大戰後對古巴食用糖的需求大幅降低，古巴的經濟也就跟著衰退。而富裕糖園地主之子菲德爾・卡斯楚就是趁著這衰退之勢奪取政權。

糖海盜
荷蘭武裝商船皮特海恩號於
1627年，在巴西外海抓拿了
三十艘以上懸掛葡萄牙旗幟的
船。繳獲物是滿船的食用糖。

一個後果：肥胖。

　數十年來，加工食物製造商一面降低食物中纖維的含量，一面提高糖的含量，造成了災難般的後果：肥胖相關的危險因子包括糖尿病、癌症與心臟疾病（請見左欄「自然災害」）。世界衛生組織預估到2015年肥胖問題將會影響十五億人口，但這與蔗糖貿易而受奴役的兩千萬非洲人所忍受的恐怖苦難相比，仍是相形見絀。

一塊或兩塊？
雖然一開始只是簡單的甜味劑，但從像是這個西印度群島糖莊來的食用糖，最終還是成了眾多食物中令人上癮的添加物。

白柳樹

Salix alba

原生地： 歐洲、中國、日本以及北美洲

類　型： 生長快速的喬木

植株高： 可高達24公尺

 食用
◆ **醫療衛生**
◆ 商用
◆ 實用

石化塑料盛行的今天，柳木工藝似乎已經慢慢消失在人類的記憶中。不過那些受到心血管疾病威脅的人們，卻還是依賴柳樹做為日常用藥的來源。除此之外，任何一位有著自尊心的板球打擊球員，都會拎起柳木製的擊球板，走上打擊區。

頭痛

1899年，製藥界巨擘拜爾藥廠對渾然不覺的廣大市場推出了阿斯匹靈（Aispirin，一種水楊酸類藥物），很快地就成為世上最廣為人類使用的藥物。十九世紀時，法國與德國化學家從白柳樹樹皮萃取出一種叫做水楊苷（Salicin，水楊是白柳樹的別名）的化合物，接著再發現水楊酸（Salicylic acid）化合物，同樣可以在白柳樹與繡線菊（*Filipendula ulmaria*）之中萃取得到，並進一步研發出阿斯匹靈。

白柳做為醫療藥物的巨大潛力，好幾世紀前就為人知曉。醫師迪奧斯克理德斯曾描述它可治療痛風、緩解各種疼痛與不舒服的症狀，如風濕痛、產間疼痛、牙痛、耳朵痛，當然也包括常見的頭痛。

雖然藥草大師約翰・傑拉德在著作中沒有提起白柳樹，但是卡培坡曾提倡使用白柳樹皮替代金雞納樹皮。他說一位史東先生曾實驗證明白柳樹皮的效用，並告訴他：「人類將因此受惠良多」。卡培坡解釋道，金雞納樹皮的價格越來越貴，「如果秘魯樹皮的價格一直平易近人，我們就不需要替代品，但如今我們必須假設它將越來越昂貴，造假的情況也將逐年增加。」

到了1890年代，為尋找風濕痛與關節炎的治療藥物，開發出阿斯匹靈。接下來1918年爆發的大規模流感疫情，扮演了推手的角色。一位從義大利回到英國的士兵，曾回憶起搭乘馬車歸國的見聞：「垂死的人們像蒼蠅一樣四處晃蕩。部隊裡因為流感死去的人比戰死的還多。」這場被稱為西班牙流感的疫情，約估奪走五千萬至一億人的性命，是歷史上最慘重的天然災害。阿斯匹

靈的市場也因此水漲船高。

　　白柳是楊柳科植物的一員，它與許多親屬都喜愛生長在水邊，像是山楊（Aspen）、白楊（Poplar）、棉白楊（Cottonwood）等等。白柳是種生長快速的樹木，往往出現在河邊或泉水邊，可以活上一百二十年左右。較矮小的同類，貓柳（Pussy willow）的壽命雖然只有白柳的一半，但以早春生出大量毛絨絨的雌雄花絨，也就是所謂的柳絮聞名。不管是對採取花蜜的蜂類與蝶蛾，還是教室窗外的風景來說，楊柳花絨都是件別具芬芳氣息的禮物。

　　克什米爾柳與英國柳（白柳的亞種，也叫藍柳，Caerulea willow）互相競爭板球完美打擊板的位置。柳木也被認為是製造熱氣球承載籃的最佳選擇。第二次世界大戰中，柳木更被做成空投彈藥箱，它獨特的彈性特別能承受落地時的撞擊。另外，近年基於生態保護考量，純天然柳木製成的棺材，同樣成為炙手可熱的選擇。不過在英國，某些源於克爾特傳統的柳條編織技術，到了二十世紀已幾乎失傳。用長鞭狀柳木條編成床具或籃子的技術，早在新石器時代就已存在，並一路不斷使用到今日，但某些製作捕捉鰻魚與螃蟹籠子、圓木舟等河邊工具的技術，卻被現今的塑膠時代淘汰。

　　與許多曾經改變人類歷史的植物相比，白柳的未來可能仍一片光明。最近研究指出阿斯匹靈具有防止中風與控制心絞痛的功效。在瑞典，白柳木在家庭與工業燃料方面替代部分石油的需求。更多的研究試圖進一步開發白柳成為生質燃料的潛能。

「我向來都是很勇敢的」，他壓低聲音接著說：「一直到我開始頭痛為止。」
——路易斯・卡羅，《愛麗絲鏡中奇遇記》（*Through the Looking Glass and What Alice Found There*，1871）

止痛藥

自古以來，柳樹當成舒緩疼痛的藥材，當樹皮中的水楊酸成分被發現後，更是世上最普遍止痛藥的原料來源。

路邊的阿斯匹靈

◆

繡線菊（也稱旋果蚊子草，學名 *Filipendula ulmaria*）是個安靜的路邊英雄。雖然現已漸漸不再受人注意，不過許多年前，它們群聚生長之處總受到人們關注，甚至小心保護。這種植物與香楊梅（學名 *Myrica gale*）都常被用來當做麥酒的調味香料與草藥醫療。卡爾・林奈一開始將繡線菊命名為 *Spiraea ulmaria*（原劃分在繡線菊屬 *Spiraea*，後來歸為蚊子草屬 *Filipendula*），阿斯匹靈的命名有種說法，是在 spiraea 前面加上 a 後轉變成 aspirin。這個 a 代表化學加工的乙醯化。

馬鈴薯
Solanum tuberosum

原生地： 南美洲安地斯山區

類　型： 具可食塊莖的多年生灌木狀植物

植株高： 可達1公尺

◆ 食用
◆ 醫療衛生
◆ 商用
◆ 實用

人類的歷史通常不會因為單一植物發生改變，而是人類使用、濫用，或獲得巨大利益的方式。馬鈴薯不只讓幾乎所有利用它的人感到心滿意足，更曾經決定了愛爾蘭的命運，並改變另一個國家——美國的人口。這兩個國家的歷史，都因這來自南美的小小塊莖植物而轉變。

馬鈴薯大饑荒

西元1886年，一位攝影師正拿著他的老式玻璃板照相機，站在一棟迷人的舊式愛爾蘭農舍外頭取景。然而當他站在鏡頭前，卻迎來一幕令其渾身僵硬的場景。三位削瘦憔悴的警員，正護衛地主代理人執行驅離一家原住戶。幾件家具堆扔在草皮屋頂的房子外，老祖父、父親、兩個兒子，一臉緊繃地站在旁邊。第二張照片裡，農舍大門外架著土製攻城鎚，外牆已被撞出大洞，兩扇破碎的窗戶則塞滿金雀花灌木（譯註：當時不願接受驅離的佃農會鎖上大門，窗戶口塞滿不易清除的植物，以阻止警方與地主）。如果這位攝影師有待到最後，那麼第三張照片記錄的將是被點燃的金雀花灌木，以及起火的草皮屋頂。佃農一家背起僅存的幾件行囊，邁起苦澀的步伐走向鐵路。有些人死在離鄉背井的途中，有些人活了下來，在都柏林、科克、貝爾法斯特等愛爾蘭大城市的貧民窟中過著貧困的生活。一部分人則搭上開往美

> 「沒有一個人⋯⋯會認為馬鈴薯僅只是一種蔬菜，它其實更像是命運（擺弄人類）的工具。」
> ——E.A. 邦亞德，《園丁指南》（*The Gardener's Companion*，1936）

國、澳大利亞、加拿大與紐西蘭的船，不管踏上的是那條路，往往都是艱困。1840年代馬鈴薯欠收，導致一連串國家級的災難，並造成國際間動盪。這場饑荒接著引爆斑疹傷寒的大流行，造成

一百萬人的死亡，兩百五十萬人不得不離開故鄉，搭上移民船。靠進科克的科芙港曾是愛爾蘭第一批馬鈴薯上岸的地方，當時卻是許多愛爾蘭人對故鄉「翡翠之島愛爾蘭」的最後一瞥。踏上著稱的「棺材船」，忍受為時十二週橫越大西洋的海上旅行。

「當饑荒與災難降臨在這個悲情的國家（指愛爾蘭），人民轉而逃到星條旗之下尋求庇護。在那裡他們對古老統治者（英國）的憤怒加溫，最後導致今天的局面。」E. A.邦亞德在1936年的書中說道。

1960年代，愛爾蘭天主教徒與新教徒爆發激烈內鬥。當時美國有三千四百五十萬人自認為愛爾蘭後裔，因此許多人認為應要支持其中一邊，並供應大量金錢與軍用物資。這一連串的「麻煩事」（當地人的俗稱）中，造成數千人的死亡。1987年一場最糟糕的暴力事件，發生在愛爾蘭恩尼斯基林的國殤紀念日，參加的軍人家屬被汽車炸彈攻擊，造成十一人死亡。近代愛爾蘭共和軍的暴力行動，便是源於那場馬鈴薯饑荒所帶來的巨大不幸。

馬鈴薯有毒

祕魯人食用馬鈴薯已有數千年之久。已出土的四千年前陶器指出，當地人已對馬鈴薯有膜拜、祭祀的動作。印加人則以馬鈴薯與玉米組成日常主食。而西班牙征服者到來，摧毀了印第安文明，把馬鈴薯當成戰利品帶回歐洲家鄉。

除了低窪、熱帶地區以外，幾乎任何地方都可種植馬鈴薯，它的澱粉含量極高，因此產物經濟價值高於任何穀類作物。征服者帶回來的馬鈴薯，其實比所有印加帝國的黃金與白銀還要有價值。

懶床耕法

◆

所謂的愛爾蘭「懶床」耕法，既不源自愛爾蘭，也一點都不懶（其實是個非常耗費體力的工作）。這種耕法過去在許多英國離島地區相當普遍，往往利用泥煤地的零碎邊緣。在這貧瘠的泥煤地上，此耕法可有效生產馬鈴薯。首先，挖出一塊長方型的土地，上面鋪好當地肥料，如海草加土壤形成的苗床，然後再於四周挖出適當的排水溝。通常苗床寬達1公尺，足以栽種出三顆馬鈴薯。春天時，整理好苗床，並種下切半的種籽用馬鈴薯，最後就只須等待收成了。

雖然馬鈴薯發綠的部位有一定程度的毒性，特別是經光照的部分（譯註：發芽處也是，這些部位會產生叫做龍葵鹼的輕微毒性物質，可能導致上吐下瀉及暈眩，但並不致命），一般塊莖含有18%的碳水化合物、2%的蛋白質、78%的水與少許鉀。它能烤、煮、炸、製成濃湯或燉菜、磨成薯粉或切成薯片，甚至是發酵做成高辛烷值的蒸餾酒。許多家庭靠吃馬鈴薯過日子，事實上，歷史記錄許多家庭甚至單靠食用馬鈴薯生活。如此多才多藝的作物，來到歐洲想必備很受歡迎，但事實卻不然。

根據1930年出版的《新圖解園藝百科大全》（ *New Illustrated Gardening Encyclopaedia* ），「這種植物的出現，一般人認為是由沃爾特‧雷利爵士自美洲帶來。但後來的專家們指出赫利歐先生才是最初的輸入者。」另一個說法則覺得應是法蘭西斯‧德瑞克爵士，英國著名的私掠船長（對西班牙人而言則是惡名昭彰），在1586年來到維吉尼亞州，帶回一些思鄉情切的移民時，順手拿了些土產「維吉尼亞馬鈴薯」。當這些植物被送到德瑞克領地部屬手上時，他們把它種在爵士位於愛爾蘭南部約爾的農地上。當作物開花結果，並長出青綠色的塊莖時，不知青綠馬鈴薯有毒的部屬將它料理好呈獻給主人食用後，無庸置疑地感到身體不適。故事的結果，描述忍著病痛的德瑞克爵士還是堅持打完一局英式保齡球，才動身出發參加1588年對抗西班牙無敵艦隊的大海戰。雖然這種情節讓故事顯得不太可靠。因此，另一種說法認為在西班牙無敵艦隊被摧毀後，船艦內的馬鈴薯隨著殘骸被風暴沖上海岸，因此傳入英格蘭。這個解釋聽起來合理得多，因為西班牙很早就栽種馬鈴薯，更在之後漸漸往歐洲北方與東方傳播出去。

十六與十七世紀時的歐洲，宗教情勢處於非常緊

張又盲目混亂的狀態。主要來自於傳統天主教會與新教間的衝突，特別是1572年法國的聖巴托羅謬日大屠殺後，當時新教徒的血灑滿了巴黎街頭，接著1605年的英國國會預謀爆破案，身為天主教徒的陰謀策劃者被當局逮捕並處以殛刑：以馬拉扯四肢折磨，接著吊頸至僅存一息，再活生生地掏出內臟後斬首，屍身砍成四塊示眾（譯註：此為英國古代針對嚴重叛國罪施行的刑罰）。當時的英國政府同時還追獵女巫，如1686年在西南部英格蘭把可憐的愛麗絲·莫蘭送上絞刑架。由於魔王別西卜陰謀的明證無所不在，某些人便把質疑的眼光轉向光溜溜的小馬鈴薯身上，認為它光滑豐腴與引人暇思曲線的塊莖，是種充滿肉慾的暗示，更別提它埋在土壤裡，還會繼續膨脹、變大的特性，就像屍體在陰冷地底腐爛腫脹一樣。更重要的是，敬畏上帝的新教徒找到了更正當無誤的依據：聖經中沒有提到可以吃馬鈴薯。

　　另一個讓人擔心的問題，是有些不小心生吃馬鈴薯的人會產生濕疹（當時被當成痲瘋病的一種）。「雖然馬鈴薯是優異的根莖作物，理應在日常生活使用，但是它似乎不應該推廣到整個國家」，1795年大衛·戴維斯這麼說道。不過英國作家與園藝家約翰·伊夫林（1620-

緩慢的開始
草藥學家約翰·傑拉德1579年出版的《草藥集》中繪出馬鈴薯的花朵。然而，當時大多數的歐洲人並不知道如何烹煮、食用馬鈴薯，並因為宗教迷信而懷疑它的由來。

馬鈴薯　**179**

1706）留下與著名日記作家塞謬爾・皮普斯同時期的日記，建議可以將這些毒馬鈴薯醃起來當沙拉。

不過，令人敬佩的吉伯特・懷特，英格蘭最早的馬鈴薯種植者與知名日記作家，記錄了這種植物的轉折點。1758年3月28日他這樣寫道：「種下了59顆馬鈴薯，不是很大的塊根。」1768年他則記述：「馬鈴薯已經贏得一席之地，這二十年之中，展現它優秀的潛力，特別是對那些一無所有而願意放膽一試的窮人來說，意義不凡。」1838年，威廉・科貝特在《英格蘭園藝家》（*English Gardener*）一書中提到馬鈴薯：「在品嘗肥肉的質地，或吞下大量奶油時，扮演了優異的角色。看起來並不會有礙身體健康。當買到精選馬鈴薯時，很多人會選擇搭配口感較粗獷的蔬菜。」到現在，威爾斯農場工人已習於交付馬鈴薯給地主充當租金（即馬鈴薯稅）。

德國大眾一開始頑固地反對馬鈴薯，但普魯士大饑荒後，政府便勸服人民站在馬鈴薯這邊。當時腓德烈克大帝（普魯士國王，在位時間1740-1786年）派兵分送免費的馬鈴薯給農民，並讓武裝士兵「說服」

人民收下國王的禮物。另外，奧芬堡接受了一份意外的禮物——法蘭西斯·德瑞克爵士的雕像，以紀念這位馬鈴薯的引薦人。雕像的作者安德烈斯·腓德烈克本來想把此作品賣給薩爾茨堡人民，但他們發現付不出錢來。安德烈斯迫於無奈捐給奧芬堡，但要求以背對薩爾茨堡的方式安置，雕像在二次世界大戰時被納粹移除。

　　儘管法國農民遭遇多次饑荒，連草根與蕨類都挖出來當飯吃，他們堅決反對馬鈴薯的意志仍難動搖。不過藥學家安東尼·奧古斯丁·帕門提爾提出了一個好主意：「我們來吃地蘋果吧！」帕門提爾曾靠著食用這些「地蘋果」捱過普魯士大饑荒，那時他是德國人的戰俘。他下定決心要讓法國人民接受馬鈴薯，並說服法國路易十六世在宮廷中佩帶白色的馬鈴薯花，使得宮廷人士因羨慕而爭相打聽，接著帕門提爾又設計宴請宮廷美食顧問，晚宴上每一道主菜都使用這種「地蘋果」。

　　1770年，他對反抗馬鈴薯的「高盧偏見」發動致命一擊。法王路易准許他使用凡爾賽宮內的土地，種植這種最高機密的農作物，並大張旗鼓地安排守衛在附近看守。機密作風招來了人民的好奇心，讓這塊田地在夜色的掩護屢屢遭到侵入。非法盜出的馬鈴薯，在人民之間一顆接著一顆地傳開。終於，馬鈴薯走進法國人民間。1793年，法國大革命爆發，國王路易十六慘遭處決，王宮土地被人民改為種植馬鈴薯。帕門提爾在革命中保住腦袋，不只如此，還在法國菜裡流芳百世，例如碎牛肉燉馬鈴薯泥（*hachis parmentier*），以及常在冬季食用的鹽鱈魚佐馬鈴薯湯（*brandade de morue parmentier*），都以帕門提爾姓氏命名。

馬鈴薯晚疫病

十七世紀晚期，馬鈴薯已成為愛爾蘭的關鍵農作物。愛爾蘭一直在大不列巔王國的殖民統治之下掙扎，特別是英國將軍奧利佛·克倫威爾在英格蘭內戰中打垮了保皇派，並進一步鎮壓愛爾蘭之後。他在德羅赫達與韋克斯福德圍城戰役後的大屠殺，一度讓本地自由農民瀕臨滅絕（譯註：英

帕門提爾的馬鈴薯

安東尼·奧古斯丁·帕門提爾使出渾身解數，才贏得法國人的信任，打敗馬鈴薯的「高盧偏見」。當中包括不少詐騙技倆的策略，才讓法國家庭主婦接受「地蘋果」。

格蘭移民奪走愛爾蘭農民原有土地）。當地經濟生產倒退回以物易物的方式，主要的計價貨幣變成牲畜，如牛隻。約翰・沃利奇在他出版的《系統化農業》（*Systema Agriculturae*）一書中，提到馬鈴薯是非常實用的作物，「可以用來養豬與牛。」還提到「在愛爾蘭與美國，它是與麵包一樣好用的食物，對窮人來說，種植它們好處多多。」

大多數在愛爾蘭種植小麥的農人收穫都十分貧瘠，但馬鈴薯卻可慷慨地在春季慶典後豪邁地播種下去，並盡情灑下聖水以杜絕魔鬼作祟的機會，來確保收成豐碩。拋開農民們悲慘的處境不提（大多數愛爾蘭農人都是佃農，所有日常生活用品從茶到糖都得付給英國進口稅，上繳沉重收成稅更幾近榨乾一切），愛爾蘭人口總數仍在馬鈴薯的餵養下快速成長，1800年達到四百五十萬人之多，這一切都得感謝馬鈴薯啊！

愛爾蘭家庭漸漸越來越依賴這種農作物，餐桌上各式淺底編織碗分享著馬鈴薯。馬鈴薯在愛爾蘭俗稱Spud（原指掘土的小鋤頭），源自於挖掘馬鈴薯的寬頭耙。愛爾蘭人使用自製的挖洞器為馬鈴薯播種，而家庭婦女的工作就是到田裡用此寬頭耙挖出可以種下馬鈴薯的洞。每到夏天，田裡會噴灑混合了青石（硫酸銅）與蘇打水的藥劑，防止馬鈴薯感染晚疫病菌（*Phytophthora infestans*，一種真菌）。不過到了1845年的夏天，晚疫病的爆發還是一發不可收拾。

1846年，馬鈴薯依舊欠收，成千上萬的人在這幾年裡挨餓。雖然1847年愛爾蘭的玉米大豐收，卻沒有多大的幫助。因為豐收的玉米都被出口到英格蘭去了。

馬鈴薯摧毀了愛爾蘭國家運作的核心，也改變了鄉

指責遊戲

✦

愛爾蘭大饑荒發生時，馬鈴薯晚疫病的具體原因還不明朗。然而有些人馬上跳出來指責是愛爾蘭人自己釀成悲劇。維多利亞時代知名的園藝作家詹姆士・希伯德這樣寫道：「有些人每年都會碰上晚疫病。這種病在秋天發生，通常在潮濕天氣後。注意了，最粗心的農人就會遭遇最糟糕的疫情。若是一位因失去大半農作物而感到痛心的農人，站在我面前說他已經盡可能留心每一個細節了，我會對他說『不，你沒有』。」

世上最富有最強大的國家，卻有超過一百萬人民死亡，這種事即使到了今天想起還是讓人悲痛莫名。那個年代的主政者辜負了人民的期待，眼睜睜地看著農作物的欠收，演變成大規模的人道悲劇。

——湯尼・布萊爾，英國首相，1997年

村。愛爾蘭本來的佃農制度、沉重的佃租與稅賦，以及饑荒時的撤離疏散，最終壓垮整個社會的生產系統，造成四分之三的耕地重新分配。同時，許多地主因為破產被迫放棄原有的莊園土地、築有圍牆的菜園，還有廣大的農地。這些土地也被重新劃分，形成一系列沿著平緩丘坡而上、平整有序的方形農園，農舍整齊地座落在農場的前方。這種農園被稱為梯狀農場，在今日的愛爾蘭仍然常見。

苦澀的悲劇
愛爾蘭婦女布萊吉特・歐唐內爾在1849年驅逐出農地後，對《倫敦新聞畫報》(Illustrated London News)訴説她的饑荒故事：「我們積欠了一些地租，而全家人都感染傷寒，其中一個兒子在等待救濟時死去。」當時，布萊吉特亦不幸流產。

一成不變的食物
馬鈴薯是窮人家必備的食物。梵谷在1885年4月的作品〈吃馬鈴薯的人們〉(The Potato Eaters)。因此，愛爾蘭馬鈴薯大饑荒帶來的苦難，歷經好幾個世代也無法磨滅。

可可

Theobroma cacao

原生地：南美熱帶雨林

類　型：喬木

植株高：15公尺

◆ 食用
◆ 醫療衛生
◆ 商用
◆ 實用

十九世紀晚期，身為白領階級新血的廣告業者，開始宣傳可可豆乃是貴格會企業家最喜愛的飲食。多虧他們，這諸神的食物漸漸變成一種罪惡的愉悅。

諸神的食物

無需多費唇舌向你描述巧克力的滋味吧！正如同卡培坡所言：「它的眾所周知讓任何文字著墨顯得多餘，所以我只強調它的優點。」雖然這位醫生（被辭典編纂者薩謬爾·強生博士形容為第一位翻山越嶺以尋找藥草和有益草藥的人）談的是白蠟樹，但同樣適用於來自可可豆的巧克力。

可可豆是美洲熱帶地區土生土長的植物，一種仰賴肥沃土壤與充沛雨水的小樹。成長約四年後，便可收成（它能存活八十年以上）。它會在主樹幹上開出奇妙的粉紅色吊鐘型的花朵，接著結出可可豆莢。

成熟的黃色或紅色豆莢裡含有大量可可豆，將其由黏液中挖出後，置於香蕉葉下發酵或等待滲出濕氣，再放在太陽下曬乾。此時的可可豆含有咖啡因與相關的可可鹼（Theobromine），已經適合進行加工處理了。

你可以去卡萊爾的店，也可以到艾爾邁克的店……
那兒有咖啡、茶、巧克力、奶油和吐司：
店主與他的妻子歡迎整個世界，
對從沒見過的人都那麼平易親切。
——克里斯托弗·安斯蒂，《巴斯導覽新編》
（*The New Bath Guide*，1766）

可可充滿異國情調又奢華，某些人則認為這幾乎是件神聖的禮物。卡爾·林奈想必也是這麼認為，因為他巧妙地將其分類為 *Theobroma* 屬，意即神的食物（譯註：希臘文中前半段 θεος 之意為神，後半段 βρῶμα 則為食物）。在西班牙被葡萄牙征服前對糖還很陌生，

而碾碎的可可提供了濃厚、黏稠的液體。拌入其他植物裡，如辣椒和香草，能製造出味道豐厚、蜜糖般的醬汁，非常合適慶祝盛宴。

　　阿茲堤克時代，可可豆更可能經過烘烤、磨碎，再加進以玉米和辣椒煮成燉菜，或是做成帶苦味的節慶飲品供應大眾，一般用來向魁札爾科亞特爾羽翼蛇神祝酒。西班牙人或許不再向羽翼蛇神敬酒，但仍有許多人喜歡拿炸麵包沾巧克力當做一天的開始，就像法國人會享受一杯巧克力搭配巧克力麵包。四個世紀以前，歐洲人除了麵包與沖淡的葡萄酒外，別無其他選擇。然而，當西班牙征服者抵達拉丁美洲後，他們不光發現金與銀，還有豆子、馬鈴薯與可可豆。起初，沒有人知道如何料理這種富含脂肪但具苦味的食材，直到某人想到加入西印度群島的糖，抵銷掉可可的苦味後，證明這是個美妙的驚喜。十六世紀末，這種含糖巧克力飲料的味道，只要還付得起，就能出現在任何人的舌尖上。

　　最初，這道菜先傳入西班牙的宮廷，就像許多皇室生活，西班牙宮廷也盛行諂媚與追求時髦的風氣，很快地接受這新潮玩意兒。當瑪麗亞・特蕾莎於1660年嫁給法國國王路易十四時，也從家鄉西班牙隨身帶來這份巧克力禮物。當國王沉迷於與其他人分享皇家大床的嗜好時，她便格外需要這份禮物的安慰。儘管風行一時的珍奇髮型與鯨骨框撐洋裝——後者讓女性占據原本身材的三倍空間，都在二十世紀的蓬鬆髮式與迷你裙（恰恰全然相反）出現後走向終點，然而人們對巧克力高貴品味的興趣久久不衰。

　　早期歐洲的巧克力屋頂多只是間時髦的飲料小舖，巧克力被當做一種濃稠的溫熱甜品飲料喝著，直到荷蘭人卡斯帕胡斯・凡・霍敦在位於阿姆斯特丹的巧克力工廠裡，找到新的加工方法。可可豆磨碎後製成混和牛奶的飲料，與幾世紀以來美洲的做法相同。凡・霍敦發現減少脂肪的方法，得以製出可可

愛情豆

歐洲對巧克力的渴望使得這種農家工藝轉成國際產業，並讓一批批採摘者深入厄瓜多爾的森林裡，以收集珍貴的可可豆出口銷往海外。

餅，進一步研磨成粉末。當凡・霍敦的專利於1838年過期後，英國的巧克力業者與貴格會教徒約瑟夫・弗萊便介入了巧克力事業。

貴格會教友是一群宗教觀察家結合而成的團體，他們認為每個人身上都有一小部分的神，而大部分已創立的宗教排場與儀式都遠遠不夠理想。這些人與十九世紀英格蘭的巧克力製造業之間的關係非比尋常。包括在約克郡經營一間巧克力工廠的亨利・約瑟夫・朗特里；立基於布里斯托的約瑟夫・弗萊；以及位於伯明罕的約翰・吉百利先生。

隨著凡・霍敦之子昆拉德將生產巧克力棒的步驟精緻化，以「荷化」（dutching，譯註：指可可粉中加入碳酸鉀或碳酸鈉等鹼鹽使其更易溶於水中）加工製造出顏色深而味道柔和的甜點，瑞士的魯道夫・林特（瑞士蓮巧克力的創始人）發展一種名為「研拌」（conching，譯註：原意為海螺，因林特使用的特製研拌機器形似海螺，巧克力能一邊加溫一邊滾動）的精煉工法，可產出更為細滑的巧克力。與此同時，從倫敦維多利亞火車站開往海峽渡輪的夜間列車上，載著約翰・吉百利先生。吉百利先生於1866年正準備前往荷蘭，並直接為工廠買下一台凡・霍敦巧克力壓榨機。

吉百利家族來自英格蘭西南部。1831年新工業時代，約翰・吉百利在新興城市的脈動中心點之一伯明罕計畫開設一間可可與巧克力工廠。當時的巧克力還是一團又苦又濃的混合物，因其藥效與食療特性受到女性青睞。到了1875年，吉百利的凡・霍敦壓榨機開始投入運作。

當約翰的兒子喬治與理查德從父親手中接掌公司時，他們證明了自己不僅僅是精明的商人，也是模範雇主。他們給職員半天的休假，並改善週期課表。發放免費的棉花給婦女，以縫製自己的制服，而不需花錢購買。當吉百利在工廠舉辦的清晨聖經朗讀活動被暫停時，工人們也向老

平分
一則1899年凡・霍登的巧克力廣告，由尤翰・吉爾格・凡・卡斯佩設計。凡・霍敦的革命性加工方法使得巧克力成為必得一嘗的甜品。

闊訴願成功得以重新實行。

　　大約同一時間（1894年），大西洋另一邊的賓夕法尼亞州德瑞丘吉鎮裡，米爾頓・史內夫里・賀喜剛從不久前的破產中恢復過來，並在鎮上建立一間新的巧克力工廠。他的生意很好，到了1905年，被評為世上最大的巧克力工廠。1907年，賀喜開始銷售包在鋁箔裡的小顆平底淚珠形巧克力，即賀喜招牌的「香吻」，業績又更上一層樓。德瑞丘吉鎮被改名為賀喜鎮。當吉百利家族在1870年代搬到伯明罕附近伯恩小溪旁一塊未開發地區時，他們將之命名為伯恩維爾，並為工人打造一座現代化的「庭園城市」。

　　當時，大多數的工廠老闆讓員工住在連棟房屋與廉價公寓裡，這樣的住家，就如一位的評論員在1850年所說「設計成讓房客擁有最低限度的舒適感與便利性」。喬治・吉百利希望他的員工能得到最好的，於是伯恩維爾家園中連最小的細節都明定規格，當他的哥哥死於1899年後，他仍繼續建造此地。房屋的密度限制在每公頃三戶，每一棟都配有地板面積三倍大的花園，預先種好六株果樹，同時，據吉百利先生估計，這個能種植額外蔬菜的空間，有產出相當於每週兩先令又六便士的價值。每棟房子有三間臥室、一間客廳、一間廚房，還附加廚房用洗物間，擁有能折疊收進櫥櫃裡的澡盆。如吉百利在《房客教學手冊》裡解釋道：「澡盆裝備在後面的廚房，也許能每週至少享受一次熱水澡。而且靠著爐火還有就近烘乾的好處。」

　　吉百利還說：「千萬不要讓茶葉泡在水中超過三分鐘，不然可能產生有害的單寧酸」；「建議用單人床來裝潢你的臥房，很少文明國家還在使用雙人床，除了英國」。如果人們遵循這些簡單的規則，他向他的讀者擔保「能至少再多活十年」。

　　除了他的溫和專制主義外，伯恩維爾很樂意拿住宅做實驗。其中之一就是興建陽光屋，比太陽能電池的發明幾乎早了一個世紀。陽光屋（被戲稱為十先令屋，這是每週的租金）建造成盡量利用房屋的南面。房間被安置於朝南的那一

巧克力財富

許多十九世紀的財富，包括米爾頓・賀喜、亨利・朗特里、約瑟夫・弗萊，還有約翰・吉百利的家財，都建立在可可豆上。

甜蜜的成功
工廠女孩們為了熱愛甜點的大眾包裝巧克力棒時,工廠的環境也因這些為員工著想的工廠老闆而改善,他們決心為員工提供更優質的工作場所。

邊;裝有較小窗戶的廚房,則被放在北側。這種被動式利用太陽能的效果,用有較多的光照與溫暖,也壓低了煤炭帳單。

在他去世之前,喬治・吉百利撤走孩子們的繼承權,將伯恩維爾轉成信託管理,如此一來「投機者便沒了施力點」,而且「少了這筆錢,我的孩子們(他在兩段婚姻裡當了十一個孩子的父親)會過得更好」。

「人不應渴求巨大的財富,在我的生活經驗中它通常比較像個詛咒。」他在七十多歲後,還持續用腳踏車騎3公里上班,並且收到信件一定立即回覆。

其實,當他與哥哥理查德在1861年接手生意時,吉百利公司已瀕臨瓦解。他們併用新的製程與廣告,讓巧克力帝國獲利。1869年,推出第一個有裝飾的巧克力盒,是一百五十年來媚俗藝術的先驅,上面有一位腿上躺著小貓的小女孩,由理查德・吉百利這位多才多藝的業餘藝術家所繪。

1899年,當電影的世界處於起步階段,卡斯帕胡斯・凡・霍敦就為了他的荷蘭式的糖果,委託製作最早的電影廣告之一:「凡・霍敦的可可,最好也最長銷」。它主打一名疲憊的上班族吃了一條凡・霍敦巧克力後,突然擁有新的活力。這個廣告的興起,也代表廣告世界急速成長並融入日常生活。巧克力的廣告文案,常出現早餐飲料、健康食品,甚至帶有情慾的色彩(顯示十九世紀某些人認為它有催情特性),是備受歡迎產品(請見185頁「浪漫情調」)。

法國的《新聞報》(*La Presse*)於1836年開始接廣告。三十年後,威廉・詹姆斯・卡爾頓突發奇想,為他的美國公司智威湯遜公司(現為知名跨國廣告公司)開創銷售廣告空間的事業。十九世紀後半彩色印刷的出現,進一步轉變巧克力廣告的外貌。

我們向工廠裡的員工保證會有戶外鄉村生活的種種益處,並有機會從事自然又健康的農地耕作消遣。
——喬治・吉百利,1879年,伯恩維爾工廠開幕致詞

報紙的橫幅廣告大肆宣揚奇怪的聲明：貝克的產品「巧克力與可可，對兒童與病人是絕佳的飲食」，而「馬蒂亞斯・洛佩斯巧克力」的廣告則描繪一對夫妻沉迷在洛佩斯巧克力餐之前既弱且瘦，之後轉成身強體健的不同樣貌。廣告往往會以各種推薦與證明來自吹自捧，就像1879年的這則豌豆廣告故事：一位新南威爾斯州的園丁非常不誠懇地打電話給一間種子公司，「我在不久前於雪梨的跨殖民地展覽會以布里斯美國驚奇豌豆（譯註：一種種皮皺縮的豌豆品種）參展，結果它們得到了特別獎，表示品質與早熟受到很高的評價，讓那些英格蘭的最佳品種為之黯然失色。」

　　廣告人（包括女性，這是最早學會重視婦女意見的行業之一，更重要的是以男性同事們同等的待遇條件聘用她們）學會要隱瞞部分真相。賀喜的純牛奶巧克力被稱為「一種營養豐富的糖」；弗萊的可可粉則提供「需要控制複雜而昂貴機械的人」，因為它是「同時擁有持久力與神經張力的食物」。巧克力甚至被宣傳成良好的大腦食物：「我就是靠這個記住的！你為什麼不試試？」一則由鮑勃・霍普主演的廣告裡，高舉著一盒惠特曼牌巧克力說著。

空洞的承諾

要包裝可可產品並出售給容易上當的大眾時，刊登廣告的業者就得學會隱瞞部分真相。

奇怪的聲言

◆

早期試著用圖案訊息影響人們的行為，始於教堂壁上的宗教畫。圖形描繪打入煉獄的人，在地獄之火中炙燒，目的是為了勸阻大部分未受教育的群眾脫離罪惡的生活。它們的效果無法被量化，但到了十九世紀，這種廣告牌樣式的風格，流行程度更甚以往。梅尼爾巧克力的一張海報就堅稱「它真的很不錯」，其中繪出一位外表俊俏的逃學者在牆上塗鴉，寫出這句廣告詞：「就喝梅尼爾巧克力吧。」

普通小麥

Triticum aestivum

原生地：中東和小亞細亞

類　型：直立禾本植物

植株高：可達1公尺

◆ 食用

◆ 醫療衛生

◆ 商用

◆ 實用

少了麵包小麥，歐洲可能仍被困在中世紀的黑暗時代。文明受特定食物而驅動，在溫帶氣候條件下，首選的文明推進燃料就是小麥。

革命的種籽

穀物是世上最重要的植物。每一個顆粒都是包裝完整的食品倉庫，填滿了供給能量的澱粉、蛋白質、礦物質和維生素。穀粒不光可以食用，它們還易於攜帶又耐貯藏，並且還能製成麵包（古埃及人的墳墓中已發現五千年前的麵包）。幾乎可以肯定小麥穀粒是石器時代人們所種植的第一種作物，自那時起，它們餵養了世界上大多數的人類，以及豢養的動物。

「就讓他們吃蛋糕啊！」當瑪莉·安東尼得知她的子民，即法國農民，沒有麵包可吃，被迫吃草以維持生命時，困惑的她便如此提議。這位在1770年嫁給未來法國國王的奧地利女大公，常常在凡爾賽宮的模擬農舍扮成牛奶女工自娛，無法理解人民的困境。她的丈夫是路易十六，在他猶疑不定的領導下，整個國家債台高築，加上小麥連年收成欠佳，使飢腸轆轆的不滿變成革命，很快地人頭便要因此落地了。1793年，共和黨衝進巴黎的巴士底監獄後沒多久，路易十六便被處死。群眾在協和廣場心滿意足地觀看一國元首的首級從吉約坦博士的高效率處刑機器落下。同年十月，瑪莉·安東尼的頭顱也掉進斷頭台底下血淋淋的洗

我們日用的麵包，今日賜給我們

——馬太福音 6:11

衣籃裡。

　　瑪莉‧安東尼麻木不仁的評語（但有可能是杜撰的），顯示她的天真與幼稚，絲毫不知麵包之於法國農民的重要性。法國長棍麵包等同於瑪麗安的裸胸身形（譯註：即法國大革命之〈自由領導人民〉[*Liberty Leading the People*]油畫中的裸胸革命女神），是平等和自由的象徵，後者為法國法郎紙幣增添光彩。瑪莉‧安東尼為她的無知付出最大代價，而這一切都是為了一條麵包。

　　小麥是製作糕點、餅乾、蛋糕與麵包的主要穀物研磨原料。小麥很可能已存在一萬兩千年之久。早期的狩獵採集者定居於亞洲西南部、衣索匹亞或地中海沿岸，開始農耕生活。當秋夜來臨，他們會收穫野生小麥與其他野食一併儲藏。這種奇蹟作物的優點，被籌火四周的人們爭論著：已經乾燥且在石磨或磨臼裡研碎後的粉末，要如何與水混合並烤成能長期儲存的麵包與餅乾？或是萌芽後使其發酵，要如何將水轉變成麥酒？再不然就是把已乾燥的種籽儲藏在老鼠無法入侵的陶器後，隔年春天播種時要如何催發它迅速回復生機？

　　幾個世紀過去，農民篩選出較優異的品種。難題之一便是找到一種不會在成熟當下，馬上散布種子的植物，以免收割者事後還須在塵土中扒找取回作物。基本的品種，如單粒小麥（*T. monococcum*）與二粒小麥（*T. turgidum* var. *dicoccum*），被調整成能在條件最惡劣的土壤中再度生長：小麥一旦成熟後，包覆於保護性穀殼裡的麥粒就會從母體植株中向外蹦出。在合適的條件下，如溫暖的秋夜，穀殼會裂開並將種子推落，而種莢上的細毛會進一步將種子鎖在土壤裡。

　　漸漸地較容易收穫的品種被選育出來（篩選出特定品種的植株可能需要長達一千年），糧食經濟開始隨之攀升再攀升。

　　西元前330年，當一名法國來的旅行者抵達英國時，他注意到英格蘭西南部已有小麥田。一個世紀後，羅馬派出侵略軍團征服新的領

瑪莉‧安東尼

「讓他們吃蛋糕啊！」無情的瑪莉‧安東尼未能體會麵包對農民家庭的重要，和丈夫路易十六為身為王室成員的無知付出最慘烈的代價。

土，包括西西里島、薩丁尼亞島、北非、埃及與西班牙，都是為了尋求農地以供應新鮮小麥給帝國。維斯巴辛在尼祿死後，於西元69年當上皇帝，此時光是埃及每年就供應了兩千萬蒲式耳的小麥（bushel，譯註：為體積或容積單位，通常用於農產品量）。小麥代表的就是帝國的權力。

伴隨著小麥田的喪失，羅馬帝國崩毀。但小麥並沒有消失太久。歐洲的奴隸制度耕作讓位給了封建制度農耕。農奴在土地上辛苦幹活，以換取領主的保護，土地上的作物再度是小麥：這些歐洲人稱它為 *hwaete*（盎格魯撒克遜）、*weit*（荷蘭語）、*weizen*（德語）或 *hveiti*（冰島語）。字意為「白色」，以區別於較深色的穀物，如大麥與黑麥。

小麥甚至曾幫助了古代伊比利亞（Iberian，即伊比利亞半島）的水手。他們為了得到傳聞中的西方財富，探索看似廣闊無際的大西洋，靠著吹動船帆的海風，以及船艙裡一袋袋的穀物航行。登上做為補給站的島嶼，如加那利群島，他們會播種並收成某一品種的小麥作物，

拾穗
對拾穗者而言，每顆穀粒都很重要。但在法國大革命後的不到七十五年，尚·法蘭斯瓦·米勒筆中的麥田勞工拾穗細節，還是使評論家們感到震驚。

當做下一段旅程的糧食。

希瑞絲女神

一捆捆的小麥做為標誌，代表農業與繁
殖力、收穫與感恩、冬之將逝與新春復
甦。小麥是一種若是欠收，人民將會飽
受飢荒的作物，因此麵包小麥的收割與
播種還有些鋪張的儀式。假使蛇麻草、
葡萄或大麥的收成在田裡枯萎，可以稱
做是個痛心的挫敗。但若小麥歉收，將
會是場災難。

風景的變化

隨著小麥田推進整個歐洲，它們
改造了陸上景觀，也永遠改變了
農村樣貌。

如同羅馬的分身希瑞絲女神（Ceres），狄蜜特（Demeter）是與小麥
最為密切的希臘女神。她甚至在雅典南邊的艾盧西斯擁有狂熱的崇拜
者。一幅當時留下的浮雕顯示狄蜜特與她的女兒普西芬尼（譯註：冥王
普魯托之后），將播種用的小麥交給特理普托勒摩斯（譯註：艾盧西斯
本地信奉的半人半神英雄），他教導希臘人種植這種作物。從此開始，
小麥田就被儀式與迷信包圍：以小麥賑濟或當做禮物致贈窮人被認為
對種植小麥有助益。小小的「收穫好運」小麥束，由經驗最豐富的收割
者呈獻給地主，並在冬季期間固定在壁爐上方，以確
保春天能安穩地播種。在現代的麥田裡，野花是個麻
煩，但在中世紀時期，若有陌生人於收穫期間通過小
麥田，須按照禮數帶他進入田裡，並贈送一小把花束
或一串野花。雖然在今日，很難找到用一束野花裝點
拖拉機儀表板的農民，田間花朵在1950年代仍被裝飾
在車隊最末、載著最後幾捆小麥回家的貨運馬車上。

當又大又紅、最接近秋分的收穫月光，在北半球
傍晚的天空中升起，第一條麵包透過儀式烤出來。全
村互贈穀束之禮，並拍賣小麥以籌集資金改善教區，
或是用以支付豐收節開銷。曾經是具鄉間風味、屬於
異教徒的收穫晚宴（如大頭錘晚餐或哈克等奇怪的當
地名稱），被教會變成較不熱鬧的活動。然而，某些
異教的小麥儀式持續在台面下偷偷進行，如法國加冕
小麥新娘的瑪麗小麥（*Marie au Blé*）慶典，而新娘則

小麥建築物

◆

沒有任何植物如小麥這般，改造
了幾近直達天邊的田地景觀。除
了用來加工和儲存穀物的磨坊、
農舍、糧倉與穀倉外，還有如大
教堂似的「英式」或長廊式農舍。
這種農舍興建得與村莊教堂一樣
大，擁有放置小麥捆的儲藏隔間
與中央的打穀隔間，後者被設置
於兩扇彼此相對的大門之間。在
打穀或簸穀的過程中（將穀粒自
粗糠分離的兩道步驟），巨大的
門就會被打開，製造橫穿吹過大
廳的微風，以便將穀殼帶走。

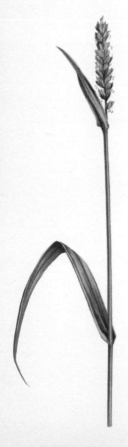

馬力
農民用馬匹拉動的小麥播種機
與收割機,在十九世紀快速地
橫越西部大草原。除了零星的
區塊,他們幾乎將整個北美大
平原闢成了農田。

被抬經有多產潛力的打穀地點,即門檻處。

　　多虧良好的管理(而不是神秘的宗教儀式),小麥的產量到了1750
年已明顯增加,當時的產量是中世紀時的兩倍半。此時,中世紀封建
制度在整個歐洲已然解體。倘若十七世紀的特點是國際經濟崛起,那
麼十八世紀便是殖民地與貿易間的交戰,十九世紀的標誌則似乎是社
會動盪(法國大革命之後正要平靜下來,美國即將被捲入內戰,俄羅
斯則正為一場大革命做準備)。依據「圈地法案」(Enclosure Acts),大
多數英格蘭的公有土地都被圍起,以取得私人收益與更高的小麥收穫
量,當時英格蘭農民大多認為,繼續做為農奴維生不如成為收入微薄
的勞工。數百年的經驗告訴我們,那些擁有小麥田的地主,總是勝過
那些沒有田地的人。

　　十九世紀初期,小麥的栽培已經蔓延整個溫帶世界,工業革命預
告著一場食物革命的開端,最終造就美國與許多歐洲的國家躋身最富
有國家的行列。

麵包籃

麵包是生命的支柱,根據這句十七世紀的諺語,便可知「從別人的嘴裡
搶麵包」便是剝奪他們最基本的生計。「麵包與奶油」或更常見的「麵
包與起司」,代表生活中最基本的必需品,至少在小麥種植地區的世界
如此。口語化的「麵包籃」,同時意指農民的肚子與種植小麥的空曠田

地。在法國北方的波司地區就被稱為巴黎的麵包籃。

1857年，法國藝術家尚‧米勒描繪一幅收割小麥的景象。在〈拾穗〉（*The Gleaners*）裡，包著頭巾的三名婦女屈著身，用靈巧的手指捏起收割小麥時掉落的金黃穗粒。這幅畫是勞動農民熟悉的寫照，震驚了藝術評論家，畢竟不到七十五年前，這些農民才在集體革命行動中殺死了瑪莉‧安東尼。但〈拾穗〉透露農耕世界正立於一道新時代的曙光中。畫中遠方背景，矗立著革命性的新穎馬匹拖拉著收割機與割捆機。不遠處，勞動者將小麥捆載上貨運馬車。切換到一百五十年後的今日，馬匹、貨運馬車與大部分的男女都會消失，取而代之的是怪獸般的大型機器，以密集的隊型席捲田野。不再依賴眾多人力、大量糞肥，與讓田野休養生息的休耕年歲。現在的作物投入大量的化肥、殺蟲劑、除草劑等無機化學藥品。

人類從古代農業進入工業化後的現代，其中工業時代技術的進步，最初為農民提供蒸汽動力趨動的金屬機械力量陸續投入生產。具有龐大資源的新土地：美洲平原、南美洲彭巴草原、澳洲的溫帶地區一直到東歐和俄羅斯，全都陷於犁下。從1850年代起，英格蘭的自耕農因國情穩定，受益於優渥的小麥市場價格、人手充裕

白麵包

◆

白麵包由小麥麵粉製成，其中大部分的纖維已被去除，並加工脫色，添加其他成分則是為了使麵粉更加「營養」。白麵包在雅典的伯里克里時期以來就很流行，但在英格蘭則從十八世紀末期起才特別受到歡迎。這似乎也是嗜糖成癮的情況所造成的（請見甘蔗，166頁），已經吃進大量精製糖的人們覺得全麥麵包難以消化，因為消化系統可能已不再有能力處理纖維食物，因而選擇白麵包。

天堂的麵包

從小麵包捲、磚型麵包與短杖麵包，到比利時捲與英式圓柱平底麵包，麵包被稱為生命的支柱。「天堂的麵包」，威爾斯礦工們在約翰‧休斯所作的讚美頌歌「朗達谷」（Cwm Rhondda，譯註，一處南威爾斯煤礦坑）裡面這樣唱道。

的農工大軍，與收益足以投資新型農業機械的開發，眼見小麥田日益推進。隨後，石化與石油工業的投入，取代了蒸汽動力，小麥的生產革命將小農民與工匠轉變成職員和機器管理員。

誠實的磨坊業者

正如我們時常看到的情況，生產者的獲利往往還不如中間掮客多，這裡指的就是磨坊業者。開發出以水力或風力的小麥磨粉機工程師，是最早精通工業製造流程的專業人士之一。在尚未機械化的社會裡，當地家庭使用的還是手搖的石磨。在北歐，早期的磨坊為水力推動，建在水流最快的上游，或是能匯集大片水域的下游，以供應免費的水力能源。磨坊的水車通常固定在磨坊之下（俗稱喀啦磨坊），或固定在磨坊側邊。

在中東與地中海地區，磨坊業者利用風力，而這種技術也逐漸傳播開來（在基督教十字軍的輔助下），並傳到北歐。漸漸地，水力磨粉機退位給更有效率的風車。典型的十九世紀罩衫風車上（因土地工作者的傳統單件式外衣而得名），四片以帆布覆蓋的翼板在微風中旋轉著，就像一座巨大的風扇。這些翼板會推動帶有齒輪的軸，進而帶動石磨，石磨上的溝紋將穀粒一一碾碎，並引導麵粉滑入下方磨坊業者放置的麻袋裡。這一種如今已被遺忘的古老行業在當時逐步成形，並發展出特有的專門技術與術語詞彙，特別是石磨刻齒與設備保養方面。磨石來自法國馬恩著名的採石場，由多塊石英石塊打造，再以鐵環縈住，或直接自粗砂岩礦場雕出石塊。在英格蘭的德比郡，鑿石工匠往往會應磨坊主要求「秀一下你手上的金屬吧」，被請來用手中的鑿子重新為磨石刻齒，忙碌的鑿石工雙手會嵌進由鑿子迸出的金屬碎片。但當工廠熔鐵爐開始出產汽油動力的發動機，與旋轉式不銹鋼滾珠軸承後，老磨坊便顯得多餘，傳統的磨坊業者漸漸消失無

蹤。經過一代又一代後，早期磨坊業者打造了近代最富有的工業王朝，且最終建立起二十世紀如英國聯合食品集團（Associated British Foods）、嘉吉（Cargill）與聯合利華（Unilever）等跨國公司。

石烤麵包

西元前1186年起統治埃及剛超過三十年的拉美西斯三世，其墓碑上有幅三千年前的蝕刻畫，描繪皇家烘焙師工作時使用了小麥。以打穀去除粗糠後，小麥先被磨成麵粉再製成麵團，並送進一座以磚與黏土製成的烤箱裡烘烤。這種烤箱就算出現在當代的義大利比薩店裡，也不會顯得突兀。只可惜在石磨上研磨麵粉的工法，讓小碎石片混入麵包。古老的麵包不但被發現置於墓中，以協助前往來世旅途的死者，考古人員還找到因麵包裡砂礫太多，而造成牙齒損傷的證據。

裝滿蛋白質
充滿了維生素、礦物質、澱粉與蛋白質，而且便於攜帶、可耐長期儲存，小麥穀粒包裝了養活世界的力量。從石器時代起就一直餵養著人類。

鬱金香
Tulipa spp.

原生地：南歐、北非及亞洲
　　　　山區

類　型：觀賞用鱗莖花卉

植株高：可達1公尺

◆ 食用
◆ 醫療衛生
◆ **商用**
◆ 實用

鬱金香緩緩從溫床站起
搖著它們沉沉的腦袋。
——詹姆士・蒙哥馬利，
〈 *The Adventure of a Star*〉（1825）

世界上第一株「商用花卉」品種，也就是十七世紀荷蘭「鬱金香狂熱」，當時一株球莖的價格飆漲到荒謬的天價。不過它的魅力也鼓舞了許多荷蘭畫家，至今仍是世界各大花卉展的主要焦點。

到荷蘭

西元1629年，佛萊明裔（Flemish，定居比利時北部地區與北鄰荷蘭的族群）繪畫大師彼得・保羅・魯本斯與妻子伊蓮・富曼的談話中萌生一個新的計劃，這個計劃讓鬱金香球莖的市場價格攀上天價。當時五十三歲的魯本斯，在聖誕節前三週迎娶年芳十六的伊蓮，與長子亞伯特同年。若不論年齡的差距，這場婚姻還算不錯。最好的證明就是魯本斯在人生的最後十年，妻子還替他生了五個小孩。當時身為藝術家的魯本斯，同時是社會上舉足輕重的人物，投身於美化自家花園景緻，今天位於比利時安特衛普市中心的魯本斯故居（現已成為當地知名博物館）。

當流行風潮吹過佛萊明整齊劃一的荷蘭式花園時，不久實用功能完善的廚房與藥草花園便出現了，緊跟在義大利風潮後，人們也開始在宅邸裡規劃正式的花園，按照幾何圖形安排喬木、涼廊與水聲潺潺的噴泉。這一切的安排就是為了迎接新穎植物，而走在最前端的就是鬱金香。

如今，每年春天人們還是會聚集於荷蘭的鬱金香花田，觀賞綻放的花朵。那兒有著超過1萬公頃的花田，輸出約全球60%的花束，與大約一百億顆的球莖。

十七世紀，早在鬱金香流行之前，歐洲園林已開始轉變。花卉本來是醫師與廚師們的專業領域，因為「植物學研究」的熱潮，逐步轉而重視裝飾的特質。最後，發展最完善的荷蘭甚至成為所有球莖花卉園藝精神上的故鄉。最初，鬱金香盛產於中亞的天山與帕米爾・阿萊山區，早在傳到歐洲前便已進入蒙古與中國。而土耳其園丁在荷蘭綻開鬱金香前，就已栽種達千年之久，並享有盛名。雖然現代荷蘭以鬱金香聞名，它們卻也是匈牙利、土耳其與吉爾吉斯的國花，後者有「鬱金

香之邦」的美稱。

　　鬱金香進入荷蘭是因為夏爾‧德‧呂克萊斯的引薦，1593年應聘進入萊頓大學（荷蘭最古老的大學）擔任教授，隔年鬱金香便在荷蘭落地開花。不過他真的是第一位引入鬱金香至荷蘭的人嗎？呂克萊斯曾記下：前幾年一位遲鈍的安特衛普商人收到東方寄來的布料，裡面夾帶些鬱金香球莖。商人拿幾顆咀嚼了幾口，便因為口味不佳丟棄到花園裡。

鬱金香狂熱

〈笨蛋們的花神馬車〉（*Flora's Wagon of Fools*），由亨德里克‧波特繪於1637年，諷刺身陷鬱金香狂熱的大眾，跟隨著花神芙羅拉的馬車，一路朝海裡衝去，奔向盲目的毀滅。

　　呂克萊斯的鬱金香來自好友，佛萊明駐土耳其伊斯坦堡的大使奧吉爾‧德‧巴斯貝克。傳說當時巴斯貝克或他的同事，在土耳其旅行經過一片鬱金香花田時，詢問路邊纏著回教頭巾的農人花田裡種的是什麼。農人以為對方讚賞自己的頭巾便告訴他tulipand（土耳其文的頭巾），於是就此記錄下來。一段時間後才發現土耳其人稱鬱金香為*laâle*（土耳其十八世紀的復興時期也稱為鬱金香年代 [*Lale Devri*] 當時土耳其上流階級沉迷於鬱金香的魅力）。

　　呂克萊斯繼續在萊頓種植花卉，同時也慷慨地將球莖分送給其他的愛好者與藝術家，特別是對植栽景觀別有興致的雅各‧德‧戈恩二世（荷蘭著名畫家與雕刻家），與他所敬佩的畫家魯本斯。但他拒絕出售球莖給唯利是圖的花卉商人，當時鬱金香球莖價格水漲船高，甚至到了瘋狂失控的地步。1637年一顆優良品種的鬱金香球莖可賣得6,700荷蘭盾，約等同於阿姆斯特丹運河邊上精華地帶的一棟花園房產，或是一般人年收入的五十倍。不過受挫的商人自有應付呂克萊斯頑固原則的旁門左道，他們直接竊取教授的收藏品。這種不擇手段的行為，最終讓荷蘭鬱金香產業崩盤。

　　回到1630年，魯本斯開始最後階段的繪畫，主要著重於居家生活：房子、妻子、花園與新栽種的花卉。在這些充滿溫暖家庭情感的作品裡，他的家人環繞著花園走向巴洛克風格的圍廊。好似預見即將刮起的鬱金香熱潮，魯本斯在鬱金香崛起的過程中也占了一席之地。

感恩的禮物

✦

1940年，當納粹德國入侵荷蘭時，皇室被迫流亡加拿大（那時瑪格麗特公主出生在加拿大渥太華的公民醫院）。到了1945年德國戰敗，皇室回歸歐陸後，致贈十萬株鬱金香球莖給加拿大政府，以表達感謝之意，往後的每年固定送上兩萬株球莖。這份禮物讓渥太華順勢辦起鬱金香花卉展，並進而帶動英格蘭斯柏丁的鬱金香花展、美國華盛頓州斯卡吉特谷的鬱金香節，以及澳洲新南威爾斯波拉爾皇家植物園的鬱金香展。

香草
Vanilla planifolia

原生地：中美洲與墨西哥海
岸雨林區

類　型：熱帶攀緣植物

植株高：可高達30公尺

◆ 食用
◆ 醫療衛生
◆ 商用
◆ 實用

十五世紀阿茲提克人最後的皇帝蒙特祖馬贈予西班牙人的禮
物——香草，被傳播到印度洋群島，很快地它的乾燥豆實就成
為有利可圖的日用商品。香草萃取物已成為今日廚房必備調味料，廣
泛地應用在包括冰淇淋的許多食品上。

漫長的收穫

在馬達加斯加島的首府安塔那那利佛市中心廣場或城市花園漫遊的旅
客，可能會面臨婦女與小孩的熱情推銷，遞上裝著少許枯萎枝枒等物
品的塑膠袋。她們開的價格可是會令觀光客咋舌不已。這些東西是世
上最昂貴的香料之一——香草豆莢。在奇異的命運安排下，生產它們
需要耗上大量的時間與精力。

　　當武裝集團登陸的消息，傳到強大的統治者蒙特祖馬與顧問耳中
時，他們認為是古老的創造者回來了。在首都特諾奇提特蘭，一座比
倫敦大五倍的城市中，蒙特祖馬已統治十七年之久，期間總是小心謹
慎地侍奉著他們的神祇羽蛇神魁札爾科亞特爾（Quetzalcoatl），並在大
神殿中定期奉上人類當獻祭。

　　在被遠道而來、蒼白皮膚的「神祇」莫名
地謀殺前，蒙特祖馬下令準備許多珍貴禮品招
待西班牙人，而他們的首領荷南·柯爾蒂斯
亦呈上國家最美味的飲品熱巧克力。他們的熱
巧克力以磨碎的可可粉，加上許多當地特產的
奇妙香料烹煮而成，是歐洲人從來沒有品嘗過
的，當中有胭脂樹籽、辣椒與最珍貴的香草。

　　離開這位悲慘的蒙特祖馬皇帝回到現
代。許多地方如美國佛羅里達、澳洲雪梨，或
紐西蘭威靈頓的海邊及河堤，人們總是喜歡
一邊吃著冰淇淋一邊閒晃，而香草口味總是
最受歡迎的選擇（雖然澳洲人更喜歡一種叫做
Hokey Pokey的香草與太妃糖混合口味）。人

類的味覺其實無法清楚分辨，添加進食物內的是人工合成還是天然香草。但碰到了冰淇淋，天然香草的味覺評分就是比較高一些。

香草中含有超過兩百五十種活性物質，其中的香草醛（vanillin）是創造香草無可抗拒香甜魅力的主要原因。天然香草的高成本，使得人們很難肆無忌憚地使用，但香草獨特的風味，還是讓人們忍不住添加少許在食品中，如巧克力、雞蛋布丁，或是香水與牙膏裡。研究指出，具有香草氣味的貼布甚至可以抑制食用巧克力的慾望，顯示香草的某些氣味分子擁有特別的化學性質。

偽裝下的美味

香草是唯一因其實用的香料特性，而被種植的蘭科植物。乾燥或發酵後的香草豆莢其貌不揚，看不出香甜的內在。

香草為什麼這麼貴呢？答案在於它的栽種過程。在南美洲，香草豆莢在花朵被蜜蜂或蜂鳥授粉後，才會開始形成。在蒙特祖馬死於非命後，西班牙人對香草生產採取嚴格控制手段，與可可豆的生產同時進行以確保收益。不過這也創造出一種叫做巧羅絲（Churros）的傳統油炸條狀麵糊，先浸在濃厚的巧克力與香草醬汁中再拿出來食用。

十八世紀，香草被帶到非洲的模里西斯，在那裡傳播到印尼、波旁島、大溪地與馬達加斯加。但是栽種者遇到一個大問題：這種淡綠色的蘭花類植物在新環境中，缺乏適當的天然授粉者。因此，須以人工手持小小的尖頭刷伸進每一朵花蕊，幫助植物授粉。成功授粉

甜美，人這一生多甜美呀。
——威廉・強生・科里，〈彌涅墨斯在教堂〉（*Mimnermus in Church*，1858）

後，香草豆才會開始成長，並在六到九個月後於藤蔓上發育成熟。採收下來的豆莢要放在太陽下曬乾，接著小心地放在特製的羊毛毯上，讓它們進一步發酵。最後得待在密閉的金屬盒子中數月，以進一步悶熟。

因為香草採收與生產的困難，使得成本與價格居高不下，也迫使人們尋找適當的代用品。全球對香草的消費量每年大約有550萬公噸，天然香草的生產量很難滿足這樣的需求。無論如何，許多研究開始實驗從丁香油、木質素（Lignin，由樹木中提煉的化學分子）中採取類似香草氣味成分，或是利用某種土壤細菌轉化水果及甜菜的化學分子，使之形成香草醛。這種做法恐怕會讓馬達加斯加街頭那些兜售香草的婦女與小孩的前途有些堪慮。

火辣香草

◆

西元十六世紀，英國王廷樂於享用各式冰淇淋，特別是湯瑪斯・傑佛遜在1780年代發明的香草調味配方。南西・強森則在1840年投資開發手動冰淇淋製造器，十八世紀晚期後，龐大的冰淇淋消費市場開始浮現。

釀酒葡萄
Vitis vinifera

原生地：亞洲西部

類　型：爬藤類植物

植株高：可高達15公尺，依
　　　　栽種方式不同

◆ 食用
◆ 醫療衛生
◆ 商用
◆ 實用

至少在五千年前，鄉村人民就已懂得於秋天把葡萄收進窖裡釀酒。不過一直到了羅馬人學會栽種葡萄樹，葡萄酒才真正開始發展成全球產業。

大生意

葡萄可以做成葡萄乾、葡萄醋與最具代表性的葡萄酒。埃及人聲稱葡萄酒是神祇荷魯斯（法老王的守護神）的眼淚。到了三千年後的二十一世紀，釀酒商每年產出三百億瓶葡萄酒，整個市場的市值超過一千億美金並持續成長。葡萄，還真是門大生意。

到了現代的2000年，地球任何一處角落，應該都不難找到一杯葡萄酒品嘗一番，儘管滋味也許不是很好。葡萄酒不僅僅在所有非伊斯蘭教國家消費、飲用，絕大多數國家也都自己釀造數量不等的葡萄酒。葡萄園遍布整個西歐，甚至延伸到美國加州、澳大利亞、紐西蘭與南非都有驚人的800萬公頃葡萄園。在太陽無私奉獻地照耀下，這些地方一年產出約6,000多萬噸的葡萄，這些葡萄將會進一步釀成大量葡萄酒。

酒釀葡萄的品種往下擁有為數眾多的品系，從辛辣的德國格烏茲塔明那（Gewürztraminer）、風味細緻的西班牙利奧哈（Rioja）、口味刺激強烈的紐西蘭蘇維濃（Sauvignon），或是在橡木桶內熟成的義大利夏多內（Chardonnay）。好幾世紀以來，釀酒商們致力於讓生產過程標準化、產品品質穩定，以達到成本最小化與收益最大化的目的。整個產業似乎正成功地邁向此目標：超市架上塞滿了各式各樣的葡萄酒，它們幾乎全部都是大量生產、裝櫃上船，經過遙遠旅途，再登陸分裝到地方零售商手上，然後以與漫長旅途不相襯的

低廉價格出售。

2004年，國際衛生組織估算過量飲酒造成全球3%的人口死亡，並讓其他4%的人受到傷害。根據估算，約有30-40%的肝硬化、癲癇、食道癌與肝癌皆源於酒精。與威士忌（請見大麥，104頁）、啤酒（請見蛇麻草，110頁）等一樣，葡萄酒無疑也影響了這項健康問題。

密集市場

葡萄這種爬藤植物所結出來的果實是一種小小的奇蹟，由距今六千萬年前的塞札奈西斯葡萄（*V. senzannesis*）演化而成。遠古的葡萄先是在東歐地區演化成借助外力授粉才能結果的雌雄異株森林葡萄（*V. sylvestris*），這讓育種擁有彈性，易於培育出釀酒葡萄的各種品系。人

圓嘟嘟的小天使

圭多・雷尼筆下的羅馬酒神巴克斯，以帶藤葉的釀酒葡萄為之加冕，慶賀1623年正繁盛的葡萄酒事業。那時，義大利的葡萄酒產業正走在地中海地區的最前線。

類馴化的釀酒葡萄（*V. vinifera*）品系中，也有雌雄同株品系，這讓釀酒業者能更容易生產大量果實。

葡萄酒製造的起源至今仍爭論不休，可能是五千五百年前於伊朗地區首先釀製出來，也有人認為可能是更早約七千五百年前的土耳其或東歐喬治亞附近。古代繪畫與雕刻指出中國與埃及皆早於希臘人學會如何生產與飲用葡萄酒，但希臘人將葡萄栽培技術與葡萄酒生產，轉變成商業化的盈利事業。

最早的葡萄酒可能來自於一場令人驚喜的意外。葡萄果實一如其他水果富含果糖與水分，因此也具有易於發酵的天性。所以搗爛的果實一旦遇上酵母菌（酵母菌可說是無所不在數量龐大，連葡萄皮天生就有酵母菌存活其上）就會很快地開始發酵。因此葡萄酒生產的訣竅，便在於何時中止發酵過程，如何以桶子或瓶子保存。此過程決定了葡萄酒的品質優劣。在南歐，無論是何種葡萄往往都會製成酒飲，在茶、咖啡與熱可可傳入前它們就是主要的飲品。伊斯蘭世界之外（穆斯

林因宗教戒律而不飲酒），葡萄酒的生產是典型的鄉間產業，與啤酒釀造業一樣隨處可見，也與蘋果酒釀造業一樣簡單隨便。在城鎮市集開賣的日子，村莊酒窖裡的存酒，會在裝瓶後以驢馬拉著的農用貨車，喀啦喀啦地運往鎮上販售。剛斷奶的小孩會與祖父母一起飲用加水稀釋的葡萄酒，在衛生條件不佳的古代，這比直接飲水來得衛生安全。每當客人來訪時，也會奉上一杯滿滿的葡萄酒以示歡迎。

　　蘋果酒產區外的法國諾曼地（Normandy）、布列塔尼（Brittany）、西班牙的加利西亞（Galicia）與阿思圖里亞斯（Asturias）等地，葡萄園是鄉村最主要的生產事業。律師、醫師、地方行政長官等人物，也許會多付點錢享用不同的葡萄酒，但每年當地地區餐酒（Vin De Pays）出窖時，不分職業貴賤，從釀酒人到樵夫，個個都是品酒專家，都能品評當年葡萄酒的好壞與特色。

　　葡萄酒的生產技術，在中世紀最大的葡萄酒交易者——基督教修道院手上發展成熟。在基督教聖餐禮儀式中，麵包與葡萄酒代表基督的肉體與鮮血。因為需要提供這樣的儀式服務，修道院的偉大修士們只好在獻身上帝的同時，也犧牲自己的時間與精力來栽種釀酒葡萄。

古代工藝
古代腳踩葡萄是一項工藝技術，在發酵之前進行。這幅羅馬時代的雕刻呈現了這一幕。不過葡萄酒的釀造至少還可以往前追溯到西元前 3,500 年。

比如說布根地（Burgundy）的西妥會（Cistercians）修士就開墾了堪稱全法國最好的葡萄園。他們獻身於葡萄的栽植，並築牆建成法文稱為 *clos* 的葡萄園，以守護他們的嬌客。

修道士知道如何利用地形幫助種植葡萄，在北歐的葡萄園，葡萄樹會沿著面南的山坡順勢而下，讓受陽面積最大化。這些葡萄樹會緊臨彼此，因此夜間可以互相保持溫暖，嚴寒的冬夜還會點上火把或小火堆避免霜害侵襲。而溫暖的南歐，葡萄樹雖然一樣密集栽種，卻是為了彼此遮蔭，而果實會架在藤莖上，讓涼風能吹過樹枝間。

基督教會是中世紀歐洲主要的地主，也是發展葡萄酒產業技術的科學中心。經過好幾世紀的育種，至今已擁有超過五千種不同品系的釀酒葡萄，其中約三十幾種品系是世上主要葡萄酒的原料來源，如卡本內－蘇維濃（Cabernet Sauvignon）、黑皮諾（Pinot Noir）、希哈（Syrah）、梅洛（Merlot）、夏多內（Chardonnay）、麗絲玲（Riesling）、蜜思嘉（Muscat）、白梢楠（Chenin Blanc）、白蘇維濃（Sauvignon Blanc）、榭密雍（Sémillon）等。

當修道院的勢力開始衰微，這些古老的葡萄園繼續支持著土地與人民。十四世紀時，葡萄酒事業實力堅強的布根地公爵們富強到足以左右法國政局。在布根地公爵魯莽查理於南錫（法國洛林區大城）圍城戰中死亡後，才讓布根地收歸法國王室成為法王皇冠上的一顆明珠（意謂收益豐碩的領地）。姑且不論這些殘酷的歷史故事，布根地葡萄酒之所以廣受外國人歡迎，多少也是因為酒種名稱容易被外國人念出來，如夏布利（Chablis）、香貝丹（Chambertin）、玻瑪（Pommard）、馬貢（Mâcon）等。今天的布根地葡萄酒，更以擁用最多法定產區葡萄酒認證（*Appellations d'Origine Contrôlées*, AOC，譯註：法國葡萄酒認證最高級別）而自豪。

靠著我

「用你的眼神灌醉我」（十七世紀英國民謠），雕刻與版畫家馬爾坎托尼奧·雷孟迪的作品，一位樹神（satyr）扶著喝醉了的希臘酒神狄俄尼索司（Dionysus）。

葡萄酒信仰

◆

根據傳說，釀酒葡萄是宙斯出生兩次的兒子── 酒神狄俄尼索司（Dioanysus）自小亞細亞帶來的產物。祂的瘋狂女祭司會偽裝成牛（戴上牛型頭套）來取悅身為青春與美貌象徵的酒神。羅馬神話中，祂則被稱為巴克斯（Bachhus）。在更早的年代裡，埃及冥神歐西里斯也是酒神化身，而更古老的蘇美人則獻祭給葡萄樹之母埃斯庭（Gestin）。

葡萄酒全球化

精緻葡萄酒（指品質更好，更適合長期保存與運輸的葡萄酒）在軟木塞與玻璃瓶的發明與普及下誕生（請見英國橡樹，158頁）。玻璃瓶的圓身能讓酒瓶橫放，並使軟木塞保持潮濕。兩者的配合之下葡萄酒則進入了新的階段。

從十七到十八世紀，瓶裝葡萄酒產業的銷售與出口，加足了勁扶搖直上，當時八成的義大利人工都在葡萄酒產業中。法國波爾多（Bordeaux）的Latour、Lafite、Margaux三家酒莊，在收到阿諾德三世・德・波塔克送來的新酒瓶樣本後也馬上跟進。在稍早的十六世紀，Haut-Brion酒莊的擁有者波塔克是精緻葡萄酒產業的先驅，以嚴苛的態度篩選葡萄樹並仔細地控管酒窖的實際儲存條件。波爾多地區出產的美酒讓即使對法國抱持幾百年濃厚敵意的英國人也無法抗拒它的魅力，當波爾多最好的葡萄酒開出高於一般三倍價格時也甘願接受。

釀酒葡萄後來更在世界的另一端留下印記。當西班牙人將葡萄樹帶進征服的南美洲土地，特別是智利時，英國人亞瑟・菲利浦船長也在1788年將葡萄帶入澳大利亞。到了1850年代，天主教會則在紐西蘭的霍克灣開闢第一批葡萄園。

當葡萄樹引入北美洲，讓美國開啟葡萄酒事業，並成為繼法國、義大利、西班牙之後世界第四大葡萄酒生產國，但也帶來了始

有趣的生意
「根瘤蚜蟲是真正的美食家，牠們只會現身於最好的葡萄園裡，棲身於最棒的葡萄樹上。」1890年的《重擊》（*Punch*）雜誌標題。

躺下來
掌握葡萄酒裝瓶與軟木塞的使用技術，讓精緻葡萄酒成功發展起來，但根瘤蚜蟲感染的爆發，也讓歐洲的葡萄酒生產嚴重倒退。

料未及的麻煩──根瘤蚜蟲（Phylloxera，也叫葡萄虱）。

根瘤蚜蟲是一種針尖大小的昆蟲，有個極為麻煩的胃口，撇開原生的美洲河岸葡萄（*V. riparia*）專找歐洲的釀酒葡萄。當初若是沒有發明蒸氣船，或許這個問題可以控制在美洲。

1837年，英國工程師伊桑巴德・布魯內爾親眼目睹他設計的大西方號（SS *Great Western*）蒸氣船在英國布里斯托港出海。一年後，大西方號乘風破浪，一口氣打破橫越大西洋抵達紐約的最快紀錄。這趟旅程之前身為工程師的布魯內爾不慎摔傷，讓許多打算同行的旅客心生不安而取消了行程，最後只剩七名旅客成行。姑且不論這不吉利的兆頭，蒸氣船的高速大為減少歐洲與美洲來往的旅途時間，同樣也快速增加根瘤蚜蟲傳播至歐洲的速度。在傳統風帆船運輸時代，牠們往往捱不過漫長的旅途而死亡。到了1860年代，根瘤蚜蟲在黴菌感染的推波助瀾下，對歐洲葡萄園帶來毀滅性的打擊。最後則將歐洲釀酒葡萄接枝到具有蚜蟲抵抗力的美洲葡萄樹上，才壓住疫情。不過為時以晚，絕大多數的歐洲葡萄園遭到的破壞，得花上幾乎整整一世紀才回到原本的產業規模。在科學技術的發展與援助之下，美洲、澳大利亞、南非與紐西蘭的葡萄酒生產填補了這段時間的空缺。雖然歐洲舊有的葡萄酒產業很難完全回復至從前的榮景，但到了二十世紀末傳統的四大葡萄酒國法國、義大利、德國與西班牙，依然以無可匹敵之勢生產大量的葡萄酒。

為什麼葡萄酒在印度與中國沒有發展出如歐洲國

有誰栽種葡萄園不吃園中的果子呢？
──聖經 哥多林前書 9：7

基督之血

1894年，艾瑪・瑪格奈在義大利佛羅倫斯的格雷韋聖十字聖殿領聖餐禮的證明書。由此可想見當時聖餐禮儀式中麵包與葡萄酒的存在。

砸香檳

✦

1910-1911年間，法國香檳區（Champagne）的葡萄酒工人砸爛他們的葡萄酒廠，敲壞所有酒瓶與酒桶，把一車一車的葡萄倒進河裡。造成這些暴民失控的原因，是當局決定自外地輸入葡萄，來彌補根瘤蚜蟲感染、數次欠收造成的本地葡萄損失。暴動迫使法國政府派兵協助維持治安，稍後並在香檳區頒行法定產區認證制度，此舉使得除香檳區認證之外的氣泡葡萄酒都不能再被稱為香檳。

家一樣龐大的葡萄酒市場？馬雅與印加人早就掌握種植葡萄樹的技術，又為何不製成葡萄酒？印度人製造葡萄酒已有兩千年以上的歷史，卻為何沒有進化成一個產業？中國擁有更悠久的葡萄酒製造歷史，但葡萄酒在整個文明之中卻沒有如在歐洲一般的份量。

歐洲葡萄酒產業的成功依賴的是文化特質，不只源自羅馬時代的地板與木盆加熱系統、強化混凝土、合理的城鎮街道規劃以及建築品質良好的道路，更重要的是，那些殺害了基督耶穌的羅馬人。

在古代世界最偉大的人，尤利烏斯·凱撒於西元前44年被刺殺身亡之前，他費時八年完成了平定高盧（法國古名）的宏圖大業。他的外甥奧古斯都後來成為他的養子，則繼續凱撒未完成的功業開創持續兩百多年的羅馬和平時期，一直到馬可·奧里略（羅馬五賢帝之末）為止。這段時間裡，羅馬文化持續發展葡萄園。雖然羅馬人基於愛國心認為自家的葡萄園及葡萄酒才是最好的，如羅馬南方生產的Falernum葡萄酒就被認為凌駕所有外地葡萄酒之上，但羅馬人還是致力於將葡萄園散播到領土的每個角落，從西班牙、希臘、高盧、日耳曼到大不列顛島南部。當羅馬帝國崩潰後，羅馬葡萄酒的生產技術跟著帝國城鎮的日常暖氣熱水系統一起埋沒在歷史中，直到一兩千年之後，才因為基督教教會的擴張再度被後人挖掘出來，這還真是個殘酷的巧合。

羅馬人沒想到把基督耶穌釘上十字架之後，也註定了釀酒葡萄的未來。在耶穌最後的晚餐上，祂囑咐門徒分享食物與飲料。耶穌大可選擇魚肉與泉水，蛋糕或麥酒，但祂最後選擇的卻是麵包與葡萄酒。羅馬人最後轉變成基督徒，基於宗教的改變將飲用葡萄酒做為宗教儀式的內容，也慢慢形成西方文化的一部分。在基督耶穌一心推廣慈悲予大眾，一杯上好葡萄酒也幫忙激勵了這樣的情緒。

拉丁淵源
當羅馬人在歐洲東征西討時，也將葡萄散布至西班牙、葡萄牙、法國以及阿爾及利亞。

葡萄園的教堂

◆

基督教與葡萄間的緣份，到了1970年代因葡萄園教堂的興起又再度連繫起來。美國加州的某些音樂家間，曾一度盛行到彼此家中讀經的活動，最後催生了葡萄園教堂並短暫引起當時美國最知名創作歌手巴布·狄倫的注意。不過創辦人中的嬉皮神父羅尼·佛利斯比，卻因為同性戀傾向被逐出教會。

奇蹟酒飲
根據新約的約翰福音書（約翰二書1-11），耶穌的第一項神蹟就是在加利利迦南村的一次婚禮上，將水變成葡萄酒。

玉米
Zea mays

原生地：美洲
類　型：一年生穀類植物
植株高：1.5-1.8公尺

◆ 食用
◆ 醫療衛生
◆ 商用
◆ 實用

破曉時，一名年輕的勞動者光著上半身，大步往田地裡走去，好一副充滿活力的景象，他正要去採摘這種富含蛋白質之作物，玉米（或如歐洲人俗稱的玉蜀黍[maize]）。

神秘的來歷

排在稻米與小麥之後，玉米是世上第三重要的穀物。在被運到舊大陸以前，它造就南美洲至今最偉大的兩個文明（印加與馬雅）。兩百年的時間裡，這種金黃色的穀物已成為一種工業商品，與石化塑料一樣多功能又如同蘋果可永續再生。隨著化石燃料來源的日漸減少，玉米是否能成為未來的燃料？

原本由美洲原住民印第安人所種植的玉米又有甜玉米、印第安玉米、玉蜀黍穗、玉米棒還有爆米花等各種各樣的名號。不僅供養了托爾特克、阿茲提克、馬雅與印加等偉大的文明，同時也支撐了「新」的美洲文明（即拉丁殖民文明）。正如威廉・科貝特在《鄉村經濟》（*Cottage Economy*，1821）裡指出，「世界上最健康的豬就是被這玉米養肥的。」玉米在餵養人類時也做得很不錯：1810年美洲人口大約為700萬人，大部分以玉米為食，一個世紀之後，人口數便一口氣上升至9,200萬。當它於十八世紀輸入西班牙後，玉米則幫忙養活了一個迅速增長的族群。

玉米每年都從種子開始栽種，三到五個月之後才開花。莖頂部首先冒出的是流蘇狀雄花序（tassels）。風媒（即風力）授粉使位於莖幹較低處葉腋內的雌花序可以接受花粉以完成受精，雌花以纖弱的絲狀生在「穗」（ears）尖上。玉米穗、玉米莢或玉米棒（不管怎麼稱呼它）是一柱生滿肥大黃色穀粒的構造並包覆於葉子裡，每一株植物都帶有一到兩支的玉米穗，手工採收者沿一列列玉米行走將穗完全折斷、殼葉向後剝下，露出

雖然該理論還未經證實，但一般認為墨西哥是玉米首先被人類栽種的地方。而後傳至北美與南美。

一排排香甜閃亮、富含蛋白質的穀粒。玉米內的糖分在被摘下的瞬間開始轉換成澱粉，這就是為什麼剛摘下的甜玉米最好吃。「在食物生產最重要的時刻品嘗它」，作家E. A.邦亞德的《園藝手冊》（*The Gardener's Companion*，1936）這樣建議道。同樣地，也可以連同葉子一起碳烤；剝掉葉子後蒸熟或水煮；剝去外殼生吃、烹調、乾燥或碾壓成早餐穀片；磨成玉米粉製成墨西哥玉米薄餅；或是放進熱鍋後加熱成爆米花。玉米當真是種變化多端的蔬菜。

　　然而，它的自然構造卻使其處於生物學中的不利地位：它無法自然播種。為了下一年的玉米，某地的某人一定要挑出些許穀粒、保存它直到播種的時間，然後親自將玉米粒扔進為了播種所挖出來的洞裡。人與植物間的相互依存關係，對玉米的歷史以及人類如何學會充分利用這種奇蹟食物來說都具有非常關鍵的影響。

　　最早被種植的玉米可能生長於墨西哥西南部瓦哈卡附近，之後延伸到特瓦坎谷地，並向外沿著墨西哥灣與太平洋海岸，北向進入美國西南部、向南至南美洲高地。每當農民用手指扳下穀粒、挑選出來年播種用的種籽時，都會選擇作物最佳的部分。這個挑選過程確保玉米生長的每個部位都能逐步得到進化與改善。

　　稻米的野生起源可以追溯超過6,500年前的中國湖北盆地與長江三角洲。小麥可辨識的野生祖先是二粒小麥與單粒小麥。然而，玉米與其野外表親

玉蜀黍還是玉米？

◆

墨西哥人稱之為辛提利（*cintli*），以對他們的玉米之神辛提歐塔（*Cinteotl*）表示敬意；古巴的印第安人戲稱為麥思（*maisi*）。哥倫布描寫：「印第安人稱做馬伊斯（*maiz*）……就是西班牙文的穀子（*panizo*）。」一開始對歐洲人而言它不過是另一種穀物，義大利人稱為*polenta*（源自拉丁文，指珍珠麥）；英格蘭人則說這是外國飼料，貶之為印第安或土耳其玉米。但植物學家林奈卻預見了它的潛力，他將1536年原有的分類學名*Turcicum frumentum*重新命名為*Zea mays*，前方的屬名意為「生命的起因」，後方的種名則意為「我們的母親」。歐洲人採用maiz、mays或是maize。但對正將作物向西擴展至古老水牛平原的美國人來說，它們就是道地的玉米（corn）。如1893年芝加哥的一條標語稱呼它是「世界的農業征服者」。

栽培地（MILPA）

◆

栽培地（古印加帝國阿茲提克語或納瓦特爾語，指田野）是一塊被清理過的森林。以玉米為主食的人們因缺少足夠的蛋白質，會在栽培地內種植其他的食物來維持營養平衡，如甘薯、鱷梨、甜瓜、番茄、南瓜、豆子與辣椒。在這樣密集的耕作下栽培地很快就會耗竭，此時田地便靜置休養（一個耕作週期建議為兩年的耕種、八年的休耕）。或是直接棄為荒地，另闢新的田地。

變化多端的蔬菜

除了小麥和稻米，玉米是世上最偉大的穀類作物之一。它可以烤成麵包、直接食用，或是釀製成奇卡（chica）啤酒。

間的基因關聯還尚待確認。缺乏生物學歷史的情況下，傳說中的起源能有幾分真實性呢？

有則神話講述印第安人被創造出來時，一位北美的印第安人厭倦了挖掘根莖，便躺在牧草間做夢。他的白日夢被幻覺打斷，一位美麗的長髮女子站在附近說：「如果你依照我的命令做，我就永遠跟著你。」她拿起枝條示範如何用它們與乾草做的火種磨擦，並升火燒焦地面。「當太陽落山時，拉著我的頭髮將我拖過熱灰燼。」他依照著命令做了，結果無論他將她拖去何處都有種像草一樣的植物（玉米）從地上竄出，這份禮物表示他的人民不再需要依靠根莖維生。

另一則傳說是，勇敢的印第安人海華沙憂心於人民陷入食物瀕臨匱乏的困境。他離開了村莊，開始禁食。到了第四天，名為蒙達敏的神出現了。他向海華沙挑戰角力比賽，允諾若是海華沙能擊敗自己，他的人民就能得救。兩人連續搏鬥了三個晚上後海華沙因飢餓而衰弱，但最終仍打敗了蒙達敏，而玉米便從蒙達敏的墳墓升起。

玉米在四千五百年前就迷住了秘魯海岸地區的原住民。它繼續成長、演化，直到流浪的阿茲提克人在十三世紀抵達墨西哥谷地。到了1325年，當歐洲在黑死病疫情中掙扎時，阿茲提克人正在興建特諾奇提特蘭城，即今日的墨西哥城，定居在特斯科科湖南邊的兩座沼澤島嶼上。農民將大簍的泥土填進湖中並種植樹木以鞏固土地，創建出「奇那帕斯」（chinampas，意即人造島），一塊為了玉米建起的肥沃田地。阿茲提克人藉由與鄰人建立政治聯盟以維繫和平，農民則勤勉地遵循一份詳盡的三百六十五日種植與收穫指南。一年被分為十八個月、每個月二十天，剩下五天相當於今日的「十三號星期五」，被重度迷信視為不吉利的日子。另一個深刻的迷信則是，如果沒有經常犧牲人類的心臟獻祭給可怕的太陽神維齊洛波奇特利，祂就會遺棄他們與他們的莊稼。

同一時間，一群南美洲原住民工匠與農人，也就是印加人，定居於秘魯山區的庫斯科山谷。這些善於園藝的印加人建造了梯田與溝渠、種植玉米和姐妹作物馬鈴薯，後者生長在地勢較高之處被當成儲備作物以

補玉米的不足。到了十五世紀，在他們的國王帕查庫提統治下，印加帝國向南擴展到玻利維亞和智利，並很快地向北延伸到厄瓜多爾，創立起一個由3萬公里道路交織而成的帝國，信差們使用這些道路以中繼站交替的方式傳遞管理信息，用驚人的每日240公里速度橫跨整個地區。反觀中世紀的歐洲，這時的英格蘭人還正在木樁上焚燒一位農民的女兒——聖女貞德，因她被指控是異端邪說。

1519年，阿茲提克的占星家自首都特諾奇提特蘭城窺探彗星軌跡，並且預言將有一場災難發生。這個災難會以西班牙士兵的形態來臨，也就是荷南·柯爾蒂斯與他的五百士兵，身穿金屬頭盔與胸甲、提著槍並騎在馬背上。

在歐洲人到來前，約有兩千五百萬原住民居住在美洲，這是世上最大也最空曠的富饒大陸。科爾蒂斯與他身後的小型軍隊到達特諾奇提特蘭城，等待歡迎儀式一結束，西班牙人便屠殺印第安人的貴族。1520年，偉大的阿茲提克領導者蒙特祖馬去世，科爾蒂斯便成為墨西哥的總督。

1532年，印加人開始陷入西班牙征服者的折磨。法蘭西斯科·

粗粉製作者

1830年代，婦女在一間墨西哥小屋裡碾磨玉米粉，以製作扁平的墨西哥薄烙餅。在磨成玉米粉之前，玉米會先以石灰水浸泡並煮熟。

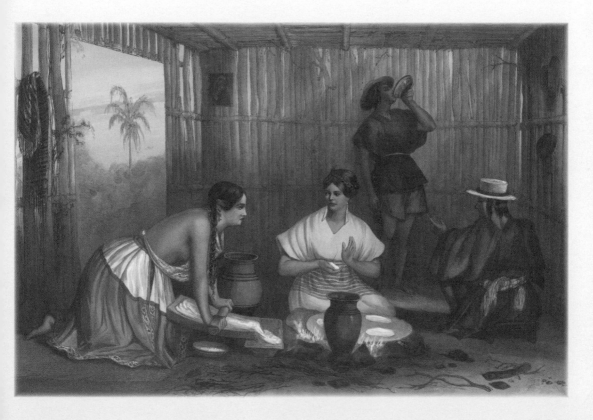

皮薩羅屠殺了皇帝阿塔瓦爾帕之外的所有印加領袖，西班牙人承諾以金銀條做為釋放他的條件。但贖金一經交付，阿塔瓦爾帕便被立地絞死。短短三十年之內，兩大南美文明皆遭擊潰，開始進入西班牙殖民統治時期。

美洲原住民對穀物神祇（如蒙達敏）的敬仰，就如同羅馬農民對穀物女神希瑞絲一般。印第安人在埋下一條魚（把它當成緩慢釋出的肥料）、種下他們的玉米，以及利用玉米莖支撐栽種的南瓜與利馬豆（譯註，俗稱的皇帝豆）時，都會進行傳統儀式。當第一批玉米穗割下後，會丟入綠玉米節儀式（Green Corn Festival）的火焰餘燼中烘烤做為慶賀。

玉米大遷徙

哥倫布將這種植物從新世界帶到歐洲，且在一個世紀以內，抵達了中國。它還被帶往俄羅斯，在那兒被用來製成馬馬雷加（*mamaliga*）玉米粥，然後帶到迦納，當地的人們學會啜飲玉米糊（*sofki*）。它的回歸則對美國有所助益，當詹姆斯敦的殖民者轉而求助原先斥為「野蠻垃圾」的土產玉米後，便控制住海灣地區的飢荒。約翰・傑拉德的《草藥集》寫道「土耳其玉米並非來自土耳其人管轄的小亞細亞，而是出自美洲及毗鄰群島。它被種植於北部地區的花園裡，在夏天開始放晴變熱的時候，便成熟了，我在我的花園中便親眼見過。」

勉強餬口
玉米種籽必須一粒粒人工種下。一旦播種，如圖中的佛羅里達州印第安人就能期待綠玉米節的來臨，以及新的一年開始。

去年四月，我寄送種子包裹到幾個國家分贈給當地勞工。這種玉米是整個世界上最適合用來育肥豬隻的。
——威廉·科貝特，《鄉村經濟》，1821

1821年，當農業學家威廉·科貝特為英格蘭鄉下的勞動者們撰寫《鄉村經濟》（*Cottage Economy*）時，它還是種相對新穎的農作物：「玉米稈或玉米穗從植物的側邊長出，有著如同旗子的葉片會長到1公尺高。」他沒有提及的是，當墨西哥人要烤玉米薄烙餅時，在將玉米粒磨成粉之前會先將它們浸泡在石灰水裡（北方使用鹼液，中美洲與西南部使用石灰），再進一步做成扁平的「麵包」（因缺乏麩質，玉米麵包無法從酵母的發酵過程中膨起）。這種加工法補償玉米中缺乏的天然胺基酸離胺酸（lysine）。正如科貝特警告道，人們有可能因食用過多玉米而中毒，造成「玉米疾病或粗糙皮膚」，即義大利人稱的玉蜀黍疹（*pellagra*，又名糙皮病），此病原因為缺乏菸鹼酸（niacin）。儘管如此，這金黃色的穀物十分划算，種得愈多，就賺得愈多。

在美國，讓玉米得以擴展到西部還須四大要素齊聚一堂：犁、「蒸汽馬匹」（指蒸汽機械）、磨坊、作物選育技術。而在南方，玉米成為一種奴隸作物以及棉花的好同伴。這兩種美國南方腹地的主要植物成為奴隸的年度工作內容，每位奴隸每年約須照料2.4公頃的棉花與3.2公頃的玉米。

在玉米從新世界跨向舊世界以前，植物與動物的生命已經沿著不同的演化路線發展。當哥倫布觸發了雙向的植物交流，自然演化就被人類的干預所取代。玉米顛覆了世界經濟力量的平衡使其遠離中國而移向西歐，後果之一是讓基督教抬升到更高的地位，而歐洲傳教士帶著聖經的教義到新世界去。最終，則證明玉米是重要的人類歷史改變者之一。

玉米擁護者
英格蘭的農民暨農業改革者威廉·科貝特是他口中「印第安玉米」的擁護者。

程度的問題

◆

生物技術的支持者聲稱利用基因改造（genetically modified，簡稱GM）的作物，可增加高達25％的食物產量，多養活三十億人口。反對者則說，種植如基改玉米這樣的單一栽培作物會導致生物多樣性喪失，產生如超級雜草（superweed）一般無法預知的副作用，以及增加對除草劑和殺蟲劑的依賴。他們認為更為注重生態平衡的農業，可以一方面滿足對糧食的需求且無須使用生物技術。

薑

Zingiber officinale

原生地：東印度群島

類　型：根莖可食的竹子型
　　　　植物

植株高：可達1公尺

◆ 食用
◆ 醫療衛生
◆ 商用
◆ 實用

薑與薑黃、小豆蔻屬同科，在中世紀非常受歡迎，經醃漬可提高甜度而備受重視，但價格高昂。十三世紀時，一磅薑與一整頭羊等值。

宗教復興

薑在希臘羅馬時代是很常見的香料。印度北部稱薑為*srngaveram*（角根），羅馬人則稱之為*zingiber*，並將其從原生的東印度群島帶到東南歐進行貿易。薑的根莖多節深受地中海沿岸居民喜愛。他們會先把生薑清洗乾淨，以滾水川燙去皮後，磨碎釋放辛辣香氣為食物增添風味。在糖不易取得的年代，用蜂蜜糖漿醃漬的嫩薑可是一道奢侈食品。

羅馬帝國沒落後無處銷售的印度生薑在土裡逐漸腐爛，經濟條件不佳的薑農亦發窮困潦倒。這樣的情況一直到新的宗教——伊斯蘭教興起才漸改觀。西元6世紀時，亞洲和南歐受到三大信仰主導：分別是歷史最悠久的的印度教、佛教與基督教。現在，新興宗教伊斯蘭教繼先知穆罕默德死於西元632年後，繼任的阿布·伯克爾與奧馬爾（分別是第一、二任哈里發，即伊斯蘭教先知的繼任者或統治者）繼續將伊斯蘭教（回教）發揚光大。到了十四世紀，已傳遍中東、西班牙、巴爾幹半島、中亞、印度半島、東印度群島並深入北非。

新帝國的崛起，對於那些被征服後套上枷鎖的國家來說通常不是件好事。不過貿易路線會因帝國的崛起變安全。伊斯蘭帝國先後定都大馬士革和巴格達，再度開啟並監控過去連結東西方大陸的貿易路徑。如果拿枝鉛筆，在十六世紀的非洲地圖上塗畫出伊斯蘭領土，那麼塗滿的部分將幾乎涵蓋整個非洲東海岸，亦即從現在的厄利垂亞開始一直向下至索馬利亞、肯亞、坦尚尼亞與馬拉威。海岸邊有著基迪、基爾瓦、索瓦拉等港口，象牙、鹽、辛巴威產的銅礦和金礦皆從此處出口至中國和印度，藉此換取陶器、珠子、瑪瑙和貝殼。摩洛哥到廷巴克圖也都在伊斯蘭教的統治之下，占領

鼻子，鼻子，快活的紅鼻子，
是誰讓你有了這快活的紅鼻子？
是肉豆蔻與薑，還是肉桂與丁香。
——法蘭西斯・鮑蒙特，《燒火棒騎士》
（*The Knight of the Burning Pestle*，1607）

約三分之一個北非。而當時身為穆斯林學者中心以及
快速發展的貿易據點杰尼、加奧、廷巴克圖的市場，
皆可收到從印度經過伊朗、伊拉克、約旦和埃及運抵
的絲綢、陶器與香料。

催情魅力

阿拉伯軍隊向外進攻時，發現單峰駱駝擁有強大優
勢，在運載薑和其他貴重貨物，包括可樂果仁（Kola
Nut）和象牙方面，牠們的表現也是可圈可點，唯一
值得抱怨的是常常數量不足，軍事與貿易兩頭難以
兼顧。其他「日用品」如非洲黑奴，也隨駱駝商隊運
往北非海岸再由此出海運往歐洲。幾經轉手，薑的身
價便跟著水漲船高。儘管如此，透過阿拉伯商人的努
力，薑再次成為廚房裡的重要食材及藥用香料。

不過，薑商靠著東方傳說、入菜以外的誇大功效，使得薑的價格
在西方居高不下：無論內服或外用，薑都具有非常可靠的壯陽功效。
到了十九世紀，還有人聲稱男性只要將磨細的薑放在手心搓熱就能在
床笫之間無往不利。英國國王亨利六世提出一個更老少咸宜的用法：
他建議倫敦市長在所有的鼠疫用藥裡面摻入薑。

據傳，許多人小時候都喜愛的薑餅人，便是由後來有「好
女王貝絲」（good Queen Bess）之稱的伊莉莎白女王一世所發
明，藉以供朝臣娛樂。

來點薑吧

身為帶有刺激辛辣花朵的溫暖草藥
植物，薑幫助推動香料貿易發展。
以薑調味的麥酒成為爽快有活力的
象徵（譯註：雖稱為酒，但大多數這
類產品其實並不含酒精），在美國禁
酒令時代成為廣受歡迎的飲料。

延伸閱讀

Beerling, David, *The Emerald Planet –
How plants change Earth's History*,
OUP, Oxford, 2007

Blackburne-Maze, Peter, *The
Apple Book*, Collingridge Books,
London, 1986

Campbell-Culver, Maggie, *The Origins of
Plants*, Headline, London, 2001

Cobbett, William, *Cottage Economy*,
Kanitz Publishing, Herefordshire, 2000

Cornell, Martyn, *Beer: The Story of
the Pint*, Headline, London, 2003

Crouch, David and Ward, Colin,
The Allotment, Faber and Faber,
London, 1988

Culpeper, Nicholas, *Complete Herbal and
English Physician*, 1826

Dalby, Andrew, *Dangerous Tastes:
the Story of Spices*, British Museum
Press, London, 2000

Dájun, Wang and Shao-Jin, Shen,
Bamboos of China, Christopher Helm,
London, 1987

Doughty, Robin W., *The Eucalyptus:
A Natural History of the Gum Tree*,
John Hopkins University Press,
Baltimore, 2000

Drège, Jean-Pierre and Bührer, Emil,
The Silk Road Saga, Facts on File,
New York, 1987

Eastwood, Antonia, Lazkov, George, and
Newton, Adrian, *The Red List of Trees
of Central Asia*, Fauna and Flora
International, Cambridge (UK), 2009

Farrelly, David, *The Book of Bamboo*,
Sierra Club Books, San Francisco,
1984

Fernández-Armesto, Felipe, *Pathfinders*,
OUP, Oxford, 2006

Frey, William H. with Muriel Langseth,
*Crying: The Mystery
of Tears*, Winston Press
Minneapolis, 1985

Frost, Louise and Griffiths, Alistair,
Plants of Eden, Alison Hodge,
Penzance, 2001

Girardet, Herbert, *Cities People Planet:
Urban Development and Climate
Change*, John Wiley & Sons, Oxford,
2008

Grigson, Geoffrey, *A Dictionary of
English Plant Names*, Allen Lane,
London, 1974

Hammond, Claudia, *Emotional Roller
Coaster*, Fourth Estate, London, 2000

Harris, Esmond, Harris, Jeanette and
James, N. D. G., *Oak: A British
History*, Windgather Press, Cheshire,
2003

Harrison, S. G., Masefield, G. B. and
Wallis, Michael, *The Illustrated Book
of Food Plants*, OUP, Oxford, 1969

Hibberd, Shirley, *Profitable Gardening*,
Groombridge & Son, London, 1863

Hobhouse, Henry, *Seeds of Change*,
Pan, London, 1985

Howe, William L., *"Global Trends in the
Condom Industry,"* 2005, Institute of
Historical Research, digital article

Hyams, Edward, *Plants in the service
of man*, J. M. Dent, London, 1971

Huxley, Anthony, *An Illustrated
History of Gardening*, Paddington
Press, New York, 1978

Irish, Mary and Gavin, *Agaves, Yuccas
and related plants*, Timber Press,
Oregon, 2000

Fukouka, Masanobu, *The one-straw
revolution*, Frances Lincoln,
London, 2009

Kilvert, Francis, *Kilvert's Diary 1870 –
1879*, Century, London, 1986.

Laws, Bill, Collins *Field Guide: Fields*,
HarperCollins, London, 2010

Laws, Bill, *Artists' Gardens*,
Ward Lock, London, 1999

Lewington, Anna, *Plants for people*,
Eden Project Books, London, 2003

Leathart, Scott, *Whence our trees*,
Foulsham, London, 1991

Lovelock, Yann, *The Vegetable Book*,
Allen & Unwin, London, 1972

Murphy, Bryan, *The World Book
of Whisky*, William Collins,
Glasgow, 1978

Musgrave, Toby and Musgrave, Will,
An Empire of Plants, Cassell,
London, 2000.

Nobel, Park S., *Remarkable agaves and
cacti*, OUP, Oxford, 1994

Pelling, Margaret, and White, Frances,
*Medical Conflicts in Early Modern
London: Patronage, Physicians, and
Irregular Practitioners 1550 – 1640*,
OUP, Oxford, 2004

Rackham, Oliver, *The History of the Countryside*, J. M. Dent, London, 1986

Rajakumar, Kumaravel, *Infantile Scurvy: A Historical Perspective, Pediatrics Vol. 108 No. 4, October 2001*, University of Pittsburgh School of Medicine, electronic article

Rackham, Arthur, *The History of the Countryside*, J. M. Dent, London, 1986.

Simons, A. J., *Vegetable Grower's Handbook*, Bakers Nurseries, Wolverhampton, 1941

Stocks, Christopher, *Forgotten Fruits*, Windmill Hill Books, London, 2008

Smith, A. W., *A Gardener's Handbook of Plant Names*, Harper and Row, New York, 1963

Thoreau, David, *Walden and Other Writings*, Bantam Books, New York, 1962

Tudge, Colin, *The Secret Life of Trees*, Allen Lane, London, 2005

Winch, Tony, *Growing Food: A guide to food production*, Springer, Dordrecht, 2006

White, Gilbert, *The Natural History of Selbourne*, Cassell and Company, London.

Woodward, Marcus, Editor, *Gerard's Herbal*, Studio Editions, London, 1990

Woodell, S. R. J., Editor, *The English Landscape, past, present and future*, Oxford University Press, Oxford, 1985.

推薦相關網站

American Botanical Council
美國植物學協會
www.herbalgram.org

American Museum of Natural History 美國自然歷史博物館
www.amnh.org

Australian Network for Plant Conservation 澳洲植物保護網絡
www.anbg.gov.au

Botanic Gardens Conservation
國際植物園保育協會
www.bcgi.org

Canadian Botanical Conservation Network 加拿大植物保護網絡
www.rbg.ca/cbcn/en

Claude Monet 克勞德·莫內
www.giverny.org

Conservation International
保護國際
www.conservation.org
www.biodiversityhotspots.org

European Bamboo Society
歐洲竹協會
www.bamboosociety.org

Fairtrade 公平貿易
www.fairtrade.org.uk

Global Partnership for Plant Conservation 全球植物保護夥伴
www.plants2020.org

GLOBIO
www.who.globio.info

Helen Allingham Society
海倫·阿林厄姆
www.helenallingham.com

National Audubon Society
美國奧杜邦學會
www.audubon.org

National History Museum
倫敦自然史博物館
www.nhm.ac.uk

National Maritime Museum
英國國家海事博物館
www.nmm.ac.uk

National Society of Allotments and Leisure Gardens 英國社區農圃
www.nsalg.org.uk

Royal Botanic Gardens
英國皇家植物園邱園
www.kew.org

Royal Botanic Garden Edinburgh
愛丁堡皇家植物園
www.rbge.org.uk

Royal Horticultural Society
英國皇家園藝學會
www.rhs.org.uk

Royal Society for the Protection of Birds 英國鳥類保育協會
www.rspb.org.uk

UNESCO 聯合國科學文化教育組織
www.unesco.org/mab

United Nations Environment Programme 聯合國環境計畫
www.unep.org

World Health Organization
世界衛生組織
www.who.int

World Wildlife Fund 世界自然基金會
www.wwf.org

本書圖片版權

本書所有圖片版權聲明如下。我們已善盡一切可能找到本書所有圖片來源，若有不慎遺漏或謬誤之處，我們深表歉意。任何協尋本書圖片版權聲明缺漏的公司或個人，我們將很樂意為您增加致謝。

除下方所列之聲明，其他圖片皆為公共資源。